스튜디오 201, 다르게 디자인하기

스튜디오 201,
다르게 디자인하기

학교에서 가르쳐주지 않는 조경 설계 이야기

————

초판 1쇄 펴낸날 2016년 1월 15일
지은이 김영민
펴낸이 박명권
펴낸곳 도서출판 한숲 | **신고일** 2013년 11월 5일 | **신고번호** 제2014-000232호
주소 서울시 서초구 서초대로 62 (방배동 944-4) 2층
전화 02-521-4626 | **팩스** 02-521-4627 | **전자우편** klam@chol.com
편집 남기준 | **디자인** 팽선민
출력·인쇄 한결그래픽스

ISBN 979-11-951592-7-7 93520
©김영민, 2016

정가 18,000원

스튜디오 201, 다르게 디자인하기

김영민 지음

학교에서
가르쳐주지 않는
조경 설계
이야기

설계를 통해 꿈을 꾸고자 하는
세상의 모든 이들에게

일러두기

1. 단행본, 주간지, 월간지는 『 』를 사용했고, 신문은 「 」를 사용했다.
2. "트리 시티"와 같은 설계 작품의 제목은 " "로 묶었다.
   단, 선유도공원이나 광화문광장처럼 완공된 공원이나 광장 이름에는 큰 따옴표를 사용하지 않았다.
3. 참고 문헌과 그림 출처는 본문 마지막에 별도로 모아서 수록하였다.

왜 스튜디오 201인가

편집장은 설계에 대한 이야기를 청했다. 조경 설계를 막 시작한 이들이나 학생들을 대상으로 하면 좋겠다고…. 그러면서 예전에 정욱주 교수(서울대학교)와 김아연 교수(서울시립대학교)가 번갈아 집필했던 연재의 속편 형식으로 풀어나가면 좋겠다고 했다. 준비가 부족하다고 정중히 거절할까도 생각했지만 그럴 상황은 아닌 듯했다. 그래서 일단은 연재를 맡기로 수락하고 앞선 연재 원고를 살펴보았다. 아차, 싶었다. 1년간 연재되었던 그 원고들에는 이미 설계에 대한 기본적인 내용들이 거의 모두 담겨 있었다. 물론 미처 못다 한 이야기가 조금은 남아 있고 같은 주제라도 다른 관점에서 이야기 할 수 있겠지만, 그런 소소한 차이만을 염두에 두고 글을 쓰다가는 결국 동일한 내용의 반복에 불과할 것이 자명해 보였다.

한동안 마땅한 방향을 찾지 못했다. 그러던 어느 날, 한 학생이 찾아와 설계를 잘하는 방법을 물었다. 나는 설계의 정석 같은 것은 존재하지 않는다고 단호하게 답했다. 그런 대답을 던진 그날 나는 그동안 선생으로

범했던 가장 큰 과오를 깨달았다. 그것은 학생의 설계와 설계가의 설계가 다르다고 생각했던 점이다. 처음 제도판을 접한 1학년 학생이라고 해서 그가 느낄 설계의 무게가 거장이 느끼는 설계의 무게와 전혀 다르지 않은데 말이다. 아니, 달라서는 안 되는데 말이다. 당연히 내가 설계가로서 대하는 설계와 가르치는 사람으로서 대하는 설계가 하등 달라야 할 이유도 없다.

프로들의 설계는 상황과 성향에 따라 수많은 변주와 일탈을 수반한다. 개념 없이 그림을 그리기도 하며, 대상지의 맥락을 무시하기도 한다. 때로는 그림 없이 말로 때우기도 하고 다른 작품을 베끼기도 한다. 학교에서는 금기시되기도 하는 방식의 설계들. 정작 학교에서는 착한 설계의 정석을 강요하지만 학교를 벗어나는 순간 착한 설계가 좋은 설계가 아니라는 것을 깨닫게 되는 데에는 그리 오랜 시간이 걸리지 않는다. 그렇다면 적어도 우리나라의 수많은 선생들 중 나 하나 정도는 그동안 경험한 솔직한 설계를 그들에게 이야기해도 좋지 않을까 싶었다.

결국 이 책은 '이렇게 하지 마라'라는 부정의 논리를 긍정의 어법으로 바꾼 '반反의 설계'에 대한 이야기다. 이는 '이렇게 해야 한다'는 긍정의 논리에 입각한 '정正의 설계'를 가르쳐야 하는 학교에서는 하기 곤란한 이야기이기도 하다. 그래서 월간 『환경과조경』에 1년간 연재했던 내용을 묶은 이 책의 제목을 『스튜디오 201, 다르게 디자인하기』로 정했다. 부정의 논리는 긍정의 논리를 전제로 해야 성립한다. 그 전제를 가상의 '스튜디오

101'로 상정한 것이다. 그러나 이 책의 지향점은 긍정의 부정이 아니라 부정을 통한 새로운 긍정이다. 이는 그 누군가가 정해준 정언명법으로서의 긍정이 아닌, 읽는 이들이 새롭게 찾아낸 자기만의 긍정이리라고 기대한다. 그러한 방식의 긍정일 때만 이 책이 제시하고자 하는 부정이 의미가 있다. 이 책의 이야기는 스스로의 긍정을 찾았을 때 반드시 버려야하는 그런 이야기들이다.

이 책이 나오기까지 가장 큰 역할을 해준 이는 나에게 고민할 여지도 없이 연재를 맡겨버린 남기준 편집장이다. 그리고 숨은 세일의 공로자는 나에게 연재를 맡기자는 아이디어를 제안한 배정한 교수(서울대학교)다. 그림을 그리는 일을 업으로 삼은 나를 글을 쓰는 사람으로 만들어준 두 분께 항상 감사드린다. 그리고 유난히도 열정에 넘치고 성실한 나의 학생들과 집필을 핑계로 늦은 시간까지 연구실에 남아있던 나를 이해하고 사랑해준 가족들에게도 고마움을 전한다.

2016년 1월

지은이 김영민

스튜디오의 문을 열며

"어떻게 하면 설계를 잘할 수 있을까?" 이런 질문을 던지는 경우는 흔치 않다. 너무 추상적인 물음에 대한 답은 실제로 큰 도움이 되지 않는다는 것을 모두 잘 알고 있기 때문이다. 잘 사는 법, 돈 잘 버는 법, 성공하는 법. 이런 주제의 책들이 항상 인기를 끌지만 정작 이런 책을 보고 크게 도움을 받았다거나 정말 잘 살게 되었다는 사람은 본 적이 없다. 하지만 우리가 누군가에게, 혹은 자기 자신에게 던지는 질문들을 통해 정작 물어보고 싶은 것은 결국 그 누구도 답하기 힘든 이런 추상적인 질문들인 경우가 많다. "어떻게 하면 설계를 잘할 수 있을까?"란 물음은 사실 설계를 하는 모든 이들이 마음에 품고 있는 질문이다. 선생님에게 무엇을 수정해야 하는지 묻는 학생도, 소장님에게 조언을 구하는 설계사무소의 대리도, 프로젝트를 진행하기에 앞서 벽면을 가득 채우고 있는 사례 사진을 보며 고민에 잠긴 조경가도, 모두 이 질문을 던지고 있다.

설계를 하는 법은 분명히 존재한다. 화가의 그림은 그 자체로 행위의 목적이며 최종 결과물이지만, 설계의 결과물은 집짓기나 의자 만들기, 나무 심기와 같은 다른 행위를 위한 매체이자 도구다. 따라서 설계의 결과물은 설계가 이외의 많은 이들이 이해할 수 있는 공통된 약속에 따라서 만들어져야 한다. 보통 우리는 이 설계의 결과물을 도면이라고 부르며, 설계를 하기 위해서는 도면의 규칙을 숙지해야 한다. 하지만 도면의 규칙들만 안다고 설계를 할 수 있는 건 아니다. 설계의 대상에 대한 이해가 있어야 무엇인가를 그릴 수 있다. 길을 설계하고 싶다면 어떤 폭이어야 사람들이 불편하지 않게 걸을 수 있는지, 어떻게 기초를 두어야 길이 파손되지 않는지, 어떻게 경사를 두어야 길에 물이 고여 질퍽거리지 않을지 등 길에 대한 다양한 지식을 알아야 한다. 도면의 규칙에 맞춰 이런 내용들을 모두 고려한 결과물을 만들었을 때 우리는 길을 그린 것이 아니라 길을 설계했다고 말한다. 여기까지 했다고 해서 아직 제대로 된 설계를 했다고 할 수 없다. 설계를 통해 만들어낸 결과물이 쓸모가 있으려면 이 모든 내용들이 법에 저촉이 되면 안 된다. 따라서 설계를 하기 위해서는 만들어질 대상과 관련된 법적 기준을 인지하고 이를 반영한 설계 결과물을 만들어야 한다. 물론 설계가 이루어지려면 더 많은 사항들이 관여되지만 기본적으로는 설계 매체에 대한 규칙, 설계 내용에 대한 기술적인 사항, 그리고 설계를 현실화하는 법적 조건을 충분히 이해하고, 이를 그림이나 모형과 같은 종합적인 매체를 통해서 표현할 줄 알아야 비로소 설계하는 법을 안다고 말할 수 있다. 지금 이 순간에도 설계하는 법을 배우기 위해 학생들은 설계 스튜디오뿐만 아니라, 시공, 구조, 재료, 법규에 대한 다양한 수업을 들으며, 설계하는 법을 안다고 인정받기 위해 기사 시험에서 출제되는 다양한 내용들을 공부하고 있다.

그러나 설계하는 법과 설계를 잘하는 법은 전혀 다른 문제다. 앞에서 열거한 내용들을 모두 이해하고 실행에 옮길 수 있다 하더라도, 아직은 설계를 할 수 있는 필수적인 자격만을 갖춘 셈이다. 모든 이론 과목에서 만점을 받아도 설계 과목만큼은 형편없을 수 있다. 기사 시험에 합격했다고 하더라도 설계 능력을 인정받은 것은 아니다. 불행히도 설계를 잘하는 정해진 방법은 존재하지 않는다. 하지만, 오해는 하지 말자. 아예 설계를 잘하는 법이 없다는 의미는 아니다. 다만 한 가지 정해진 해답이란 존재하지 않는다. 좋은 작가들에게는 자신만의 설계하는 방식이 분명히 존재한다. 그런데 문제는 많은 이들이 그 수많은 해답 중에서 몇 가지를 익히면 자신도 설계를 잘하게 된다는 착각을 한다는 점이다. 물론 남의 방식을 잘 베끼는 것도 능력이라면 능력이기 때문에 아직 설계를 많이 접해보지 않은 이들은 되도록 많은 사례를 알고 그와 유사하게 흉내 내는 기술만 갖추면 설계를 잘한다고 인정을 받기도 하고 스스로 우쭐해하기도 한다. 하지만 이미 나와 있는 해답을 택하는 순간 남의 설계를 잘 흉내 낸다고 할 수는 있을지언정 진정한 의미에서 설계를 잘한다고 말할 수는 없다. 결국 설계를 잘하기 어려운 이유는 설계를 잘하는 법이 없다기보다는 오히려 설계를 잘하는 법이 너무 많아서 나만의 방법을 찾기가 어렵기 때문이다. 따라서 정답은 그 어떤 책을 보아도, 머리를 싸매고 작품을 분석해도, 열심히 특강을 들어도 나오지 않는다.

정답의 설계 / 반문의 설계

짜증 섞인 반문이 나올 수도 있겠다. 그럼 도대체 내가 지금까지 들었던 설계 수업은 다 무엇이란 말인가? 선생들이 내준 과제며 읽어보라는 책들은 무슨 소용인가? 결정적으로 설계에 대한 이야기를 하고 있는 이 책은 도대체 왜 쓴 것일까? 다시 말하지만 지금까지의 모든 설계 수업과 읽었던 책들, 그리고 들었던 강의는 설계 잘하는 법에 대한 정답을 알려주지 않는다. 이들이 알려주고자 하는 것은 스스로 설계 잘하는 법을 찾아가는 과정이다. 단순히 설계하는 법, 즉 설계가 갖추어야 할 조건들을 안다고 설계를 잘할 수 없는 것처럼 이를 찾는 과정을 안다고 반드시 설계를 잘하게 되는 것은 아니다. 한 번 생각해보자. 매번 설계 수업 시간에 귀가 아프도록 들어온 설계 과정. 대상지를 조사해서 의미 있는 내용을 분석하고, 분석을 바탕으로 설계의 개념을 제시하고, 설계의 개념을 구체화해서 공간의 구조를 만들고, 이용자를 고려한 프로그램을 생각해서 등등… 누구나 같은 과정을 거치지만 누군가는 설계를 잘하게 되고 누군가는 여전히 설계를 못한다. 그런데, 이런 과정을 전혀 모른다고 가정해보자. 설령 설계를 잘 할 수 있는 무한한 잠재력을 가진 사람이라도 가장 간단한 설계의 결과물을 만들어내기조차 힘겨울 것이다. 우리가 지금까지 접한 모든 설계에 대한 이야기들은 나의 설계를 찾아가기 위한 가이드에 대한 이야기이지 나의 설계 그 자체는 아니다. 분명 좋은 설계를 하기 위해 반드시 알아야 하는 가이드, 즉 설계하기의 원칙적인 절차와 방법, 그리고 기술이 존재한다. 그러한 의미에서 그동안의 나의 수업과 공부가 의미가 없는 것은 아니다.

그러나 이와 같은 설계하기의 원칙적인 가이드 때문에 좋은 설계에 이르는 길을 찾기 어려울 때도 있다. 가이드는 어디까지나 가이드일 뿐이다. 설령 가이드가 제시하는 원칙을 따르지 않는다 하더라도 목적지에 도착하지 못하는 것은 아니다. 그러나 오래도록 이 가이드를 따라서 설계를 하다보면 마치 이 가이드의 원칙들을 반드시 따라야 할 전능한 규범처럼 오해를 하게 된다. 그리고 이렇게 모두가 걷는 길을 따라가다 보면 나의 설계를 발견하기는커녕 모두가 같은 목적지를 향해 같은 길을 걷고 있다는 사실을 깨닫게 된다.

『손자병법』의 모공 편에는 용병의 법칙이 나온다. 병력이 적의 10배이면 포위하여 굴복시키고, 적의 5배이면 공격하고, 2배일 때는 계략으로 적을 분산시키고, 적의 병력과 아군의 병력이 비등하면 맞서 싸운다. 한나라의 대장군 한신이 조나라를 공격하자 조왕 성안군 진여는 20만 명의 병력을 동원하여 맞선다. 이때 광무군 이좌거는 성안군에 싸우지 말고 방어에 치중하되 기습 부대로 보급로를 끊자는 전략을 제안한다. 그러나 성안군은 『손자병법』의 모공 편을 들어 아군의 수가 압도적이니 공격을 하는 것이 옳다고 주장한다. 한신의 군대가 공격을 하자 조나라는 성에서 나와 싸우다 크게 패하고 성안군은 전사하고 만다.

병서에 충실했던 조왕 성안군은 유리한 조건을 갖고도 한나라의 한신을 맞아 대패를 하고 만다. 병서는 전쟁을 유리하게 이끄는 기본적인 원칙들을 알려준다. 하지만 기본적인 원칙만으로 모든 상황과 조건이 다른 전쟁을 이길 수는 없다. 역사상 가장 뛰어난 전략가들은 병법을 충실히 수행한 자들이 아니었다. 오히려 반드시 따라야 한다고 생각하는 원칙들을 무시하여 상대방의 허를 찌르고 상황에 따라 원칙 자체를 변용하는 이들이 항상 싸움에서 이겨왔다. 재미있게도 모든 병서들은 병서가 제시한 원칙에서 자유로워져야 한다는 전제를 달고 있다. 『손자병법』의 허실虛實 편이 그러하며 『오자병법』의 응변應變 편과 『오륜서』의 바람의 전략이

이에 해당한다. 설계도 마찬가지다. 당연히 설계를 해나가기 위해 알아야 할 기본적인 원칙들이 존재하며 기본부터 문제가 있는 설계는 결코 좋은 설계가 될 수 없다. 하지만 모든 설계의 상황과 조건은 다르다. 같은 원칙을 알고 있다 하더라도 이를 어떻게 해석하고 적용하느냐에 따라 설계는 실패하기도 성공하기도 한다.

만일 정正의 설계를 이미 충분히 경험했다면 이제 나의 설계를 찾기 위해서 정正의 설계를 벗어나야 한다. 새로운 해석은 지금까지 당연하게 받아 들여왔던 원칙에 대한 의심에서 시작된다. 좋은 설계는 대상지를 존중하고 그 고유한 특성을 반영하는 설계라고 배웠다. 그런데 지금의 대상지가 지닌 조건들이 전혀 바람직하지 않다면? 이용자들의 요구를 고려한 프로그램을 구상하라고 배웠다. 하지만 이용자들이 전혀 생각하지 못했던 새로운 프로그램을 도입하는 것이 더 좋을 수도 있지 않을까? 좋은 설계의 첫걸음은 좋은 개념이라고 배웠다. 그러나 반드시 개념을 생각하고 다음 설계의 단계를 진행하는 것이 맞을까? 오히려 실제 공간을 그려 보고 설계의 개념을 생각하면 안 될까?

지금부터 할 이야기는 반反의 설계에 대한 이야기다. 이야기를 풀어감에 앞서 한 가지 경고를 해두는 편이 좋을 듯하다. 이 책에 실린 열두 가지 설계 전략은 다소 위험한 이야기가 될 것이다. 학교에서 배운 내용과는 정반대의 가치들이 곳곳에 도사리고 있으며, 이를 함부로 수업시간이나 설계사무소에서 내세웠다가는 곤경에 빠질 제언들이 주를 이루게 될 것이다. 정正의 논리는 그 자체로 독립적일 수 있다. 하지만 반反의 논리는 정^{正}이 존재하지 않고서 의미를 가지지 못한다. 원칙이 없이는 원칙의 활용이나 변용이 불가능한 이치와 마찬가지다. 따라서 반^{反}의 설계는 정^{正}의 설계를 거부하는 것이 아니라, 정^{正}의 설계를 더 풍부하게 하고 그 안에서 유동적으로 생각하게 하는 것이다. 또 한 가지 명심해야 할 점은 이 반^{反}의 설계 역시 설계를 잘하는 법에 대한 정답은 결코 아니라는 것이다. 이 이야기들 역시 좋은 설계에 이르는 또 다른 길이며 가이드일 뿐 정답은 스스로가 만들어내야 한다. 정^{正}의 설계와 함께 앞으로 펼쳐질 반^{反}의 설계에 대한 이야기를 체화시킬 수 있다면 나만의 새로운 합^{合}의 이야기를 만들어 낼 수 있으리라 조심스럽게 기대해 보아도 좋을 것이다.

01

개념
상실하기

개념 없는 녀석

정 군은 지금 위기다. 어제는 여자 친구와의 기념일인데 돼지껍데기에 소주를 먹자고 했다가 개념 없는 자식이라는 욕만 먹고 싸웠다. 그녀는 아직까지 연락두절이다. 아침에는 설계실에 들어갔다가 어제 먹다 남긴 치킨을 치우지 않았다고 선배들에게 한참을 혼나고 혼자 대청소를 했다. 사실 어제 설계실에 오지도 않았고 닭고기 알레르기라 치킨을 먹지 않는 정 군은 억울하지만 이미 선배들에게 무개념으로 찍혔다. 하지만 가장 큰 위기는 지금 설계 스튜디오 시간이다. 한참 설명을 들은 김 교수는 팔짱을 끼고 한마디 툭 던진다.

"설계에 개념이 없네."

도대체 개념이 무엇이기에 내 인생을 이리도 힘들게 하는가? 내 개념은 어디로 외출 중이기에 나는 세 번 연속으로 개념이 없다는 소리를 듣고 있는가? 그 개념들 중에서도 김 교수가 지적하는 개념이 제일 무섭다. 호환, 마마보다도, 친구 자취방에서 본 음식물쓰레기보다도 더 무섭다. 개념이 없다는 말 한마디로 이제 김 교수는 처음부터 다시 설계를 해오라고 시킬 것이다. 그런데 나는 아직도 김 교수가 말하는 개념이 무엇인지 모르겠다. 설령 내 설계에 개념이 없다고 하더라도 왜 다시 처음부터 설계를 해야 하는지도 모르겠다. 지금 와서 드는 생각인데 아마 김 교수도 그 개념이 무엇인지 모르는 것 같다. 매번 개념이 없다고 하면서 정작 개념이 무엇인지 한 번도 말해 준 적이 없으니 말이다.

용산공원의 개념

개념의 역할과 의미를 제대로 파악하려면 이론서를 뒤적이기보다는 실제 설계에서 사용된 개념을 살펴보는 편이 더 낫다. 다음은 용산공원 공모전의 최종 결선에 오른 여덟 개의 설계안이다. 도판이나 설계설명서에서 친절하게 이것이 설계 개념이라고 명확히 지시하고 있지는 않지만, 제목을 보면 중심적인 개념들이 정체를 드러낸다.[1] 우선 당선작의 제목은 "Healing"(West 8+이로재 외)이다. 한동안 유행처럼 사용되어 꽤 익숙하게 들리는 치유라는 개념은 설계안에서 자연의 치유, 역사의 치유, 그리고 문화의 치유로 세분화되어 구체적인 설계 전략으로 연결된다. "Yongsan Park

당선작 "Healing"(West 8+이로재 외)과 "Yongsan Park for New Public Relevance"
(신화컨설팅+서안알앤디 디자인 외)

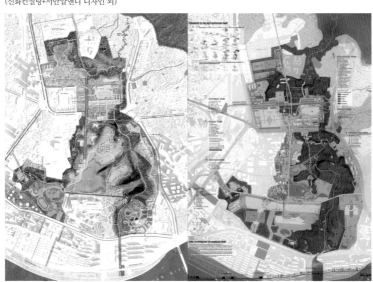

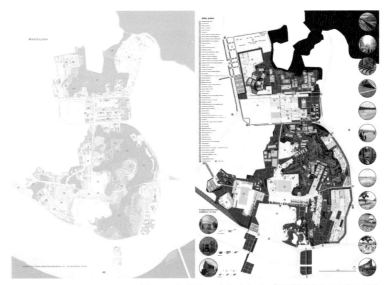

"Yongsan Park Towards Park Society"(조경설계 서안+M.A.R.U. 외)와
"Openings: Seoul's New Central Park"(James Corner Field Operations+삼성에버랜드 외)

for New Public Relevance"(신화컨설팅+서안알앤디 디자인 외; 이하 "Public Relevance")는 제목이 의미하는 바대로 회복Re-covery, 재접속Re-connect, 재연결Re-attach의 개념을 통해 이 시대의 공공성을 새롭게 정의하고자 한다. "Yongsan Park Towards Park Society"(조경설계 서안+M.A.R.U. 외; 이하 "Park Society")는 다양한 해석의 여지가 있기는 하지만, 사회의 한 기능을 담당하는 공간으로서 공원을 다루기보다는 공원을 중심으로 한 새로운 공동체 혹은 사회를 조직하고자 하는 안이라고 볼 수 있다. "Openings: Seoul's New Central Park"(James Corner Field Operations+삼성에버랜드 외; 이하 "Openings")는 공간임과 동시에 설계의 방식이다. 이 안은 공간과 프로그램을 더하는 방식보다는 빼기의

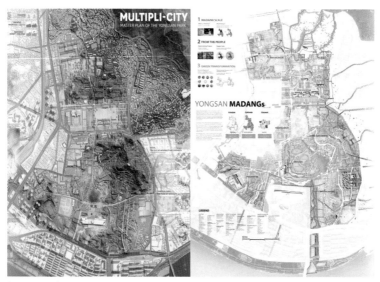

"Multipli-City"(씨토포스+SWA 외)와 "Yongsan Madangs"(그룹한 어소시에이트+Turenscape 외)

"Connecting Tapestries from Ridgeline to River"(CA조경기술사사무소+Weiss/Manfredi 외)와
"Sacred Presence: Countryside in City Center"(동심원조경기술사사무소+Oikos Design 외)

방식으로 대상지를 다루며, 공원에 비워진 공간들을 만들어 내면서 공원의 전체적인 구조를 재편한다.

"Multipli-City"^(씨토포스+SWA 외)는 다양성 혹은 다양체를 의미한다. 이 안은 제목에서 도시를 의미하는 City를 살짝 떨어뜨려 놓음으로써 용산공원을 다양성이 존재하는 도시로서 파악하고자 하는 설계 개념을 드러낸다. "Yongsan Madangs"^(그룹한 어소시에이트+Turenscape 외)의 개념은 매우 명료하다. 한국의 전통적인 공간인 마당의 개념을 이용하여 용산공원을 다양한 스케일의 마당으로 구성한다. "Connecting Tapestries from Ridgeline to River"^(CA조경기술사사무소+Weiss/Manfredi 외; 이하 "Connecting Tapestries")는 우리에게는 낯선 서양의 직물 예술인 태피스트리를 중심으로 개념을 풀어내고 있어 생소한 느낌을 받지만, 설명을 들어보면 그렇게 어렵지는 않다. 용산의 산세와 물길을 자연과 역사, 문화를 담아내는 직물로 보고 이를 연결하겠다는 것이 이 안의 핵심이다. "Countryside in City Center"라는 부제를 갖고 있는 "Sacred Presence"^(동심원조경기술사사무소+Oikos Design 외)는 용산공원을 서울의 정신과 한국성, 그리고 대상지의 장소성을 회복할 수 있는 공간으로 구현하려 한다.

용산공원을 위한 여덟 개의 안은 개념의 성격에 따라 몇 개의 유형으로 나누어 볼 수 있다. 우선 "Healing", "Public Relevance", "Park Society", "Sacred Presence"의 개념은 추상적인 것으로서 설계안의 지향점, 태도, 목표 의식과 연관된다. 반대로 "Openings", "Yongsan Madangs"의 형태적 혹은 공간적인 개념은 명확한 공간 구성의 방식이나 디자인의 형태를 제시해준다. "Multipli-City"나 "Connecting Tapestries"는 앞의 두 유형의 중간적인 양상을 띠고 있다. 이 안들이 제시하는 개념은 도시나 태피스트리와 같은 물리적 대상과 관련되지만, 다양한 해석의 여지가 있기 때문에 이를 통해서 설계안이 구현하려는 공간의 형태나 구조를 구체적으로 파악하기 힘든 개념이다.[2]

개념이 없다면?

여기서 재미있는 가정을 해보자. 만약 용산공원의 여러 안에서 개념이 없다면 어떻게 될까? 우선 추상적인 개념이 중심이 되고 있는 "Healing", "Public Relevance", "Park Society", "Sacred Presence"의 경우 개념이 없더라도 각 안이 제시하는 공간을 만들어내는 데는 별 문제가 없어 보인다. 치유라는 개념이 빠져도 당선작이 보여주는 재조작된 지형, 남쪽의 호수, 공원의 입구를 지시하는 오작교, 이미지에서 볼 수 있는 세부적인 장소, 그 어떠한 공간적 요소들도 큰 영향을 받지 않을 것 같다. 2등작인 "Public Relevance"도 마찬가지다. 새로운 공공성의 개념과 구체적인 공원의 구조인 생태적 통로, 사회적 네트워크, 역사 문화적 밴드 사이에 필연적인 연결고리는 보이지 않는다. "Park Society"의 경우에는 어디에서도 이 안이 추구하는 공원 사회가 명료하게 규정이 되지 않기 때문에 개념과 공원과의 관계는 더욱 애매하다. 기존 미군기지의 구조를 그대로 유지한 채 시민들의 의견과 필요에 따라 오랜 기간 동안 공원을 변화시켜가는 공원 조성 방식은 최종적으로 공원 사회를 추구하지 않아도 유의

미해 보이며, 반대로 공원 사회를 만들기 위해서 꼭 이러한 공간이 있어야 할 필요는 없어 보인다.

심지어 각 안을 통해 만들어진 공간에 "Healing", "Public Relevance", "Park Society", "Sacred Presence" 중 아무 제목이나 바꾸어 붙여도 그럴듯하게 의미가 통한다. 당선작이 치유의 공간이 아닌 새로운 공공성을 제시하기 위한 공간이어도 설계안의 본질은 바뀌지 않으며, 괜히 마음이 무거워지는 신성한 존재라는 개념 대신에 이 안에서 제시되는 전략들이 공원 사회를 만들기 위한 것이라고 해도 누구도 이상한 점을 발견하지 못할 것이다.

"Multipli-City"와 "Connecting Tapestries"는 물리적인 대상을 개념으로 제시하기는 하지만, 그 개념이 물리적 공간으로서 완성된 공원과 필연적인 관계가 있는지는 모호하다. 공모전의 그 어느 안도 다양성을 추구하지 않는 안은 없으며 도시와 어떠한 방식으로든 소통을 하고 있다. 태피스트리는 패치워크, 자수, 조각보로 바뀌어도 의미가 전혀 바뀌지 않는다. 아예 직물과는 전혀 상관없는 삼천리금수강산이나 풍수 연결과 같은 제목이나 개념을 사용해도 뜻은 통한다.

"Openings"나 "Yongsan Madangs"의 경우 개념 자체가 공간 구성 방식이나 실제 공간을 의미하기 때문에 이와 같은 개념이 없다면 용산공원이 설계안이 제시하는 방향대로 만들어지기는 힘들 것 같다. 그런데 이러한 개념들은 공간의 구조나 형태를 명확히 보여주기는 하지만 이와 같은 공간을 통해 무엇을 성취하고 그 의미가 무엇인지는 설명하지 못한다. 설계의 의도와 의미를 분명히 드러내는 반면 실제 공간과의 관련성을 설명해주지 못하는 추상적인 개념들과는 반대의 문제가 나타난다. 그리고 개념이 공간을 설명해준다고 해서 반드시 그 개념이 아니고서는 제시한 공간이 만들어지지 않는가라고 물어본다면 꼭 그렇지만은 않다. "Openings"를 비슷한 의미를 지닌 보이드, 비움, 간격間隔, 심지어 다른 안의 개념인 마당으로 바꾼다 해도 동일한 구조와 형태의 공원이 만들어질 수 있다. 마찬가지로 마당 역시 안뜰, 정원, 방이라는 공간으로 대치해도 하등 문제될 것이 없어 보이며, 전통적인 공간인 마당을 서양의 공간 개념인 중정이나 야드로 바꾼다면 이 안을 미국이나 유럽의 공모전을 위한 개념으로 사용해도 괜찮을 듯하다. 개념이 실제로 공간을 만드는 데 특별한 역할을 하지 못한다면, 다른 안의 개념을 그대로 사용해도 문제가 없을 정도로 개념이 있으나 마나하다면, 그리고 개념이 설계안의 목표나 설계자가 공간을 통해 구현하려는 가치를 설명해주지 못한다면 왜 설계 과정에서 개념이 필요한 것일까?

사실 설계에서 개념이 꼭 필요한 것은 아니다.

개념 없는 설계

좋은 개념이 좋은 설계의 조건이 될 수는 있지만, 좋은 설계가 꼭 개념에 의존할 필요는 없다. 이번에 소개하는 작품은 MVVA^Michael Van Valkenburgh Associates가 설계한 미국 세인트루이스^Saint Louis 시의 한 수변 공간을 개선하기 위한 공모전의 당선작이다.[3] 설계설명서에는 "우리 시대의 명작을 구

성하며^{Framing a Modern Masterpiece}"라는 근사한 제목이 붙어 있다. 그런데 사실
이는 설계안의 제목이 아니라 공모전의 제목이었다. 결국 공모전의 제목
을 그대로 가져다 붙인 이 설계안에는 특별한 제목이 없는 셈이나 마찬
가지다. 그렇다면 모든 설계 요소를 관통할 강력한 개념을 제시하느냐 하
면 그렇지도 않다. 상업광고를 연상시키는 자극적인 개념들이 첫 페이지
를 장식하는 다른 설계안들과 달리 당선안의 설계설명서에는 심심하게
도 공모전 주최 측의 요구를 어떻게 반영했는지를 정리한 표가 첫 부분
에 나온다. 구체적인 제안에 들어가서도 다른 안들은 마지막에 부록처럼
보여주는 동선과 차량 주차에 대한 개선 방안부터 검토하고 있다. 설계설
명서를 다 읽어보아도 도발적인 사고의 전환이라든가 시대정신을 반영한
야심찬 의도를 담는 개념은 찾아볼 수 없다. 하지만 특별한 개념의 무게

를 더하지 않았기 때문에 오히려 이 설계안의 차별성이 생겨난다. 이 수변 공간에는 미국 근대 건축을 상징하는 에로 사리넨Eero Saarinen의 "게이트웨이 아치The Gateway Arch"라는 기념비적인 건축물이 있다. 그 주변 공간 역시 미국 조경의 모더니즘을 대표하는 조경가 댄 카일리Dan Keily의 작품이다. 이와 같은 역사적인 장소를 대상으로 그 공간이 지닌 원래의 의미를 완전히 재편하는 새로운 개념을 제시한다는 것 자체가 어려운 일이며, 설령 그러한 개념을 찾아냈다 하더라도 이 공모전이 원하는 안과는 거리

단계별 개발 전략에 대한 대안(MVVA, 세인트루이스 게이트웨이 아치 공모전)

1. existing conditions

2. identify gateway districts

3. reestablish connectivity between gateway districts, the memorial, and the river

4. redistribute dedicated parking

5. maximize use of existing parking supply

6. implement remote ticketing

7. create a network of destinations and connections

8. anchor new development and investment

각 공간에 대한 새로운 디자인과 개선 방안(MVVA, 세인트루이스 게이트웨이 아치 공모전)

가 멀었을 것이다. 특별한 제목도, 개념도 없는 이 안은 공모전이 요구하는 사항들은 물론 미처 알아채지 못한 문제점들마저도 파악하여 충실하게 해결해 나간다. 이 안이 훌륭한 이유는 개념 때문이 아니다. 대상지의 본질을 올바로 파악하고 과장됨 없이 문제의 핵심에 접근해 들어가는 힘 때문에 이 안은 훌륭하다.

다음 작품은 최근에 새롭게 개장한 마이애미 비치 사운드스케이프 링컨 파크Miami Beach Soundscape Lincoln Park다.[4] 야자수 숲과 구름 모양의 구조물은 열대의 하늘과 함께 어우러져 초현실적인 풍경을 만들어낸다. 공원의 평면을 구성하는 기하학적 형태는 화려한 구조물 못지않게 인상적이다. 이색다른 패턴들은 공원의 동선 역할을 하고 있는데, 기능적인 측면에서만 본다면 매우 비효율적이다. 공원을 가로질러 건너편의 거리로 가고자 한다면 상당한 거리를 돌아가거나 아예 길을 잃어버릴 수도 있을 것 같다. 도대체 설계자는 어떠한 개념으로 이 특이한 동선의 형태를 구상했을까? 공식 웹사이트를 보아도, 전문 잡지를 읽어봐도 모자이크처럼 얽혀있는 동선 때문에 작은 공원의 크기가 넓어지는 환영감을 느끼게 된다는 설명뿐, 형태 너머의 개념을 파악하기가 힘들었다. 그러다가 마침 설계자의 특강에서 그 디자인이 어떻게 만들어졌는지를 듣게 되었다.[5] 대답은 "왜인지는 모르겠지만 모자이크 형태로 중첩을 시키고 싶었다"였다. 결국 마이애미 비치 사운드스케이프의 동선 구조와 형태는 특별한 이유나 논리적인 근거 없이 직관에 의존해서 만들어진 셈이다. 그렇다면 개념이 없는 이 동선 구조는 좋은 디자인이 아닌가? 동선의 효율성만을 보자면 그렇다. 하지만 효율적인 기능이 공원이 추구하는 최선의 가치는 아닐 것

West 8이 설계한 마이애미 비치 사운드스케이프 링컨 파크

마이애미 비치 사운드스케이프 링컨 파크

이다. 이 미로 같은 동선은 무더운 열대의 밤에 산책을 나온 연인을 조금 더 오래 함께 걷게 해 줄 것이며, 주말에 가족과 함께 놀러 온 아이들에게는 재미있는 놀이터가 될 것이고, 관광객들에게는 연신 셔터를 누를 볼거리를 제공해 줄 것이다. 이런 의미에서 개념이 없는 이 공원의 설계 역시 좋은 디자인이다.

개념에 대한 오해

설계에 명확한 개념이 있다고 해서 반드시 이 개념이 모든 설계의 과정에 선행한다거나 설계가가 개념을 통해서 차근차근 설계안을 만들었다고 생각한다면 큰 오산이다. 실제로 많은 경우 개념은 마지막에 장식품처럼 설계안에 얹혀지거나 아예 외부에서 설계가에게 주어지는 경우도 많다. 다음은 필자가 설계한 옥상정원이다. 옥상정원은 다른 조경 프로젝트에 비해 제약 조건이 많다. 우선 온갖 설비장치들이 들어가 출입이 통제되어야 하고 옥상으로 들어갈 수 있는 출입구도 한정된다. 그리고 모든 요소가 구조물 위에 있어 토심이나 무게의 제한도 있다. 게다가 이 건물에는 백화점, 레스토랑, 명품관, 고급 아파트, 사무 공간 등 다양한 프로그램이 공존하는 만큼 옥상정원에 대한 요구 조건도 많았다. 설계는 무엇보다도 까다로운 제약 조건을 극복하면서 클라이언트의 요구를 최대한 만족시키는 방향으로 진행되었다. 그리고 이미 건축 설계가 거의 마무리되어 공

CRLand센터 옥상정원 평면 드로잉

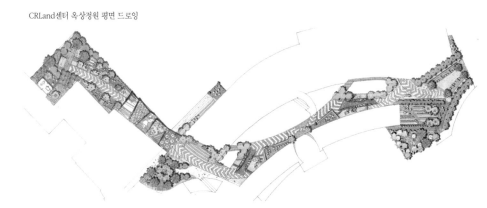

CRLand센터 옥상정원 이미지

사가 시작된 이상, 설계는 건축의 조형미를 반영하면서도 독특한 개성을 지니고 있어야 했다. 클라이언트와 다른 전문가들 사이에 수없이 많은 논의가 오가며 설계안이 완성되는 동안에도 개념이 낄 자리는 없었다. 설계안이 확정이 되고 나서야 미래의 고객과 공무원에게 이 옥상정원을 한마디로 설명할 수 있는 개념이 필요했다. 그래서 이 디자인에 적합한 여섯 개의 개념을 제시했고 클라이언트와의 짧은 회의 끝에 하나를 선정했다. 사실이 프로젝트에서 개념은 설계에 별다른 영향을 미치지 못했다. 여기서 개념은 마지막에 프로젝트를 멋지게 포장할 도구였다. 하지만 이런 경우라도 개념의 힘을 무시해서는 안 된다. 결국 어떤 상품의 이미지는 마지막에 참여하는 마케팅 부서의 광고에 의해서 결정되듯, 과정이야 어떠하든 결과적으로 사람들은 이 새로운 프로젝트를 마지막에 제시된 개념을 통해서 기억할 것이다.

다음은 필자가 설계한 한 공모전의 당선안이다. 중국 정부는 베이징 올림픽이 끝난 직후 수상 경기가 열렸던 중국 최대의 휴양지 하이난 섬에 올림픽과 스포츠를 주제로 한 휴양 도시를 만들기로 결정하고 국제공모전을 열었다. 이미 큰 설계의 개념은 주어져 있었다. 클라이언트는 어떻게 올림픽의 상징성을 구현해야 할지 그리고 어떠한 스포츠시설을 넣어

야 할지까지도 구체적으로 지침에서 제시하고 있었다. 필자는 디자인 팀에게 이미 클라이언트가 생각하는 개념이 명확한 이상 새로운 개념보다도 현실적인 문제와 형태적인 디자인에 초점을 맞추자고 제안했다. 우수기 때마다 범람하는 강줄기, 태풍이 올 때를 대비하여 만든 제방 때문에 연결이 끊긴 바닷가, 순환 고속도로로 인해 이어지지 않는 보행자 동선,

산야 올림픽 베이 조감도

무더운 기후와 특수한 프로그램. 필자와 디자인 팀은 이러한 복합적인 대상지의 문제를 해결하면서 열대의 특성을 살려 중국 정부가 원하는 새로운 스포츠 휴양 도시의 형태를 만들어 나갔다. 그리고 이렇게 만들어진 계획안에 올림픽의 개념을 보여주는 다양한 장치를 추가했다. 이 프로젝트의 개념은 설계가 시작되기 전부터 미리 주어져 있었다. 그리고 설계의 중반까지도 사실 설계는 이 개념과 그다지 관계가 없었다. 대상지의 문제를 해결한 방안이 제시되고 누구나가 매력적으로 느낄 공간의 윤곽이 잡혀가면서 비로소 주어진 개념이 개입하기 시작했다.

학교에서는 항상 개념에서부터 설계를 시작한다. 그러나 실전에서 그런 순서는 아무런 의미가 없다. 심지어 개념 자체가 별다른 의미를 지니지 못하는 경우도 많다. 물론 개념은 좋은 설계를 가능하게 하는 훌륭한 도구다. 그러나 좋은 설계가 반드시 개념을 전제해야 하는 것은 아니다.

산야 올림픽 베이 워터프런트 이미지

개념의 함정

그렇다면 도대체 왜 학교에서는 필요하지도 않은 개념을 설계의 시작이자 마지막인 양 가르치며, 대부분의 설계안은 실제 공간보다도 개념에 집착하는 것처럼 보이는 것일까? 설계라는 행위는 '왜'로 시작하는 많은 질문을 수반한다. 왜 이 안의 형태는 그러해야 하는가? 왜 그와 같은 목표를 가져야 하는가? 왜 이러한 프로그램을 도입하는가? 왜 소나무가 아닌 자작나무여야 하는가? 개념은 이러한 수많은 '왜'에 대한 대답을 찾기 위한 도구다. 이때 그 대답을 들을 대상이 누구인가를 제대로 알아야 한다.

우선 그 대상은 타인이다. 즉 개념은 교수, 소장, 심사위원, 클라이언트, 동료, 대중을 포함한 남들에게 나의 설계를 이해시키고 의미하는 바를 효과적으로 전달하기 위한 도구다. 적절한 개념은 화려한 조감도보다도 수많은 다이어그램보다도 강력하다. 반대로 실패한 개념은 설계의 본뜻을 왜곡시키고 그 가치를 퇴색시킬 수도 있다. 이미지는 눈을 사로잡지만 개념은 사고를 사로잡는다. 이 때문에 지금도 많은 설계가는 공간보다도 설계안의 제목과 개념을 먼저 고민하며 그림이 완성된 후에도 이를 설명할 [illegible] 단어와 문장을 만들어 내기 위해 이론서를 꺼내어 펼쳐 든다.

또 다른 대답의 대상은 설계가 자신이다. 설계가에게 개념은 설계가 시작될 첫걸음을 딛게 해 주는 계기이면서 설계를 완성시키는 마침표를 찍게 할 도구다. 또한 설계가 길을 잃었을 때 다시 제자리로 돌아가게 할 나침반이기도 하고 장애물을 만나 막혔을 때 스스로의 한계를 뛰어넘어 도약하게 할 날개이기도 하다. 설계의 시작이 반드시 개념과 함께 할 필요는 없다. 개념의 논리는 감성과 직관의 폭풍이 지나간 후에 세워지기도 하며, 이미 무너졌던 개념의 폐허 속에서 새롭게 탄생하기도 한다. 하지만 많은 설계가가 개념을 통해서 설계를 전개시키고자 한다. 선생이 학생에게 개념의 중요성을 시작부터 강조하는 이유는 처음부터 강력한 개념을 갖춘 설계는 쉽게 흔들리지 않지만 개념을 제대로 확립하지 못하고 항해를 떠난 설계는 작은 풍랑에도 좌초되기 쉽다는 것을 알기 때문이다.

이때 놓치지 말아야 할 점은 개념이 '왜'에 대한 대답이 아니라 대답을 찾기 위한 도구라는 사실이다. 개념의 큰 함정은 바로 도구에 불과한 개념을 대답 그 자체로 착각하는 데 있다. 만일 개념이 설계에 대한 최종적인 대답이라면 좋은 개념은 필연적으로 좋은 설계안을 만들어내며, 개념이 부재한 설계는 무의미할 것이다. 그러나 개념과 설계의 본질이 반드시 일치하지는 않으며 특별한 개념을 제시하지 않아도 훌륭한 설계는 가능하다. 설계의 대답은 개념이 아니라 공간이어야 한다. 따라서 지금의 개념이 좋은 공간을 만들어 내지 못한다면 그 어떠한 호평을 받았고 가능성을 갖고 있다 하더라도 그 개념에 집착해서는 안 된다. 반대로 이미 충분히 훌륭한 공간이 나온 설계라면 굳이 개념에 맞추기 위해 공간을 재단할 필요가 없다. 도구는 수단이지 목적이 아니기 때문이다.

동의를 하든 안하든 설계가라면 진양교 교수의 말을 기억해 둘 필요가 있다. "의미가 있어서 아름다운 것이 아니라 아름답기 때문에 좋은 의미도 읽히는 것이다. 아니, 아름다워서 의미가 있는 것이다. 설계가가 유념해야 할 설계의 진정한 본질이다."[6]

1   용산공원에 대한 상세한 분석을 보려면 다음을 참조하기 바란다. 배정한 엮음, 『용산공원 - 용산공원 설계 국제공모 출품작 비평』, 나무도시, 2013. 그리고 용산공원의 도판과 설계설명서는 다음 웹사이트에서 볼 수 있다. http://www.park. go.kr/user.content.contentsView.twf

2   류임우와 최무혁은 개념을 주제와 내용을 구성하는 사고 차원의 주제 개념 (Theme Concept)과 설계 형태를 위한 형태적 개념(Design Concept)으로 구분한다(류임우·최무혁, "디자인 개념 도출인자의 중요도를 고려한 설계 과정", 『대한건축학회논문집 계획계』 20(12), 2004). 구본덕은 공간 또는 외부 형태를 직간접적으로 표상하는 형태적 개념(Formal Concept), 공간 또는 형태 요소를 질서화하고 연결, 구성하는 구성적 개념(Compositional Concept), 다양한 설계 개념을 묶어주는 전체적인 주제 개념으로서 역할을 하는 추상적 개념 (Abstract Concept)으로 분류하고 있다(구본덕, "과제 설계시의 건축 설계 개념 유형과 특성에 관한 연구", 『대한건축학회논문집 계획계』 22(5), 2006). 이와 같은 이론적 틀에 의거하면 "Healing", "Public Relevance", "Park Society", "Sacred Presence"의 중심 설계 개념은 주제 개념과 추상적 개념에 해당되며, "Openings"와 "Yongsan Madangs"의 경우는 형태적 개념 혹은 구성적 개념으로, "Multipli-City"와 "Connecting Tapestries"는 구성적 개념으로 볼 수 있다.

3   김영민, "나 데비내 생각을 재구성하며 _ 도시+아치+강 2015 공모전(1)", 『환경과조경』 2010년 11월호, 2010.
         김영민, "우리 시대의 명작을 재구성하며 _ 도시+아치+강 2015 공모전(2)", 『환경과조경』 2011년 1월호, 2011.

4   www.west8.nl/projects/miami_beach_soundscape

5   University of Southern California, Lecture Series, Distinguished Visitor in Landscape Architecture, 2010년 4월 15일.

6   진양교, 『건축의 바깥』, 도서출판 조경, 2013, p.212.

Case Input

Application

Test Case Output

e Output

Case Inpu

Case Inpu

02

말로
때우기

그 남자들의 사정

여기 곤란에 처한 두 학생이 있다. 우선 그림을 꽤 잘 그리는 박 군의 경우를 보자. 사실 설계 과제를 하면서 다른 친구들처럼 스트레스를 받은 적은 별로 없다. 크게 고민하지 않아도 트레이싱지 위에 선을 그리다 보면 그럴듯한 형태가 나타난다. 선생님에게 과제를 보여주면 대부분 처음에는 기분 좋은 칭찬을 듣는다. 그런데 선생님이 어떻게 이런 공간을 만들었는지를 물어볼 때부터 문제가 발생한다. 딱히 대답할 말이 떠오르지 않는다. 무작정 그리다 보니 그런 형태가 나왔는데 굳이 이유를 설명하라고 한다. 그냥 마음에 들어서라고 대답했다가 태도가 불량하다느니, 개념이 없다느니, 생각을 좀 하라느니 온갖 욕을 먹는다. 어차피 디자인이라는 것, 예쁘면 되는 것 아닌가? 왜 굳이 설계를 논리적으로 설명해야 하고, 개념이 뒷받침되어야 하며, 어려운 이론이 필요한 것일까?

공부를 잘하는 김 군은 설계 수업이 중반으로 넘어가면서 고민에 빠진다. 대상지 분석이나 개념을 제시할 때까지는 선생님들이 가장 사랑하는 제자였다. 해박한 지식, 탄탄한 논리, 뛰어난 언변, 참신한 개념으로 매번 칭찬만 들이었다. 그런데 그림을 그려야 하는 순간부터 손이 움직이지 않는다. 몇 주째 공간을 그려가지 못하고 구상을 말로만 설명하고 있다. 선생님은 한숨을 쉬며 언제까지 말로만 때울 거냐고 묻는다. 공간을 만들어내지 못하는 개념은 의미가 없다는 말도 덧붙인다. 김 군도 그것을 모르지 않는다. 그런데 도저히 개념에서 형태로 넘어갈 수가 없다. 책을 아무리 보아도 설계를 잘한다는 친구나 선배들에게 물어보아도 여전히 길은 보이지 않는다. 설계는 천성적으로 그림에 재능이 있는 아이들만 해야 하는 것일까?

이론이라는 처방

박 군의 불평이 전혀 일리가 없는 것은 아니다. 흔히 설계 과정은 블랙박스 모델에 비유된다. 검은 상자가 놓여 있다. 이 상자에 갖가지 정보를 집어넣으면 잠시 뒤에 한편에서 결과물이 나온다. 그런데 여기서는 투입된 정보와 산출된 결과만을 파악할 수 있을 뿐, 막상 검은 상자 안에서 무슨 일이 일어나는지는 감추어져 있다. 이런 경험적 모형을 블랙박스 모델이라고 부른다.[1] 설계 행위를 포함한 모든 예술적 창작 행위는 블랙박스 모델에 해당된다고 보아도 무방하다. 블랙박스 모델의 경우 과정이 명료하게 드러나는 수학 방정식 풀이나 물리 공식의 증명과는 다르게 어떻게 해서 그런 결과가 나왔는지 설명할 도리가 없다. 그래서 항상 개념에서 형태로 넘어가는 경계에서는 논리적으로 설명할 수 없는 비약이 일어나게 된다.

그럼에도 불구하고 설계의 경우 결과물을 단순히 개인의 예술적 영감의 소산이

블랙박스 모델

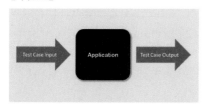

화이트박스 모델

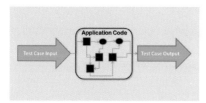

라고 치부해서는 안 되는 이유가 있다. 조각이나 회화와 같은 순수 예술 작품과는 달리 설계는 기능을 가진 공간을 대상으로 하며, 특히 조경 설계는 많은 경우 공공의 장소를 다루기 때문이다. 아무리 아름다워도 기능적으로 불편하거나 위험한 공간을 만들어 냈다면 실패한 설계이며, 개인적인 기준으로는 훌륭해도 대다수의 이용자들이 동의하지 않으면 역시 그 설계는 문제가 있다. 이와 같은 이유에서 선생님들은 설계 수업 시간에 공간의 의미를 설명해 주는 개념이 필요하다고 강조한다. 그리고 디자이너의 개인적 취향과 공공의 가치 사이에 놓인 간격을 극복할 수 있는 논리적인 설명을 요구하게 된다.

박 군의 문제는 형태를 설명할 논리나 의미를 찾지 못하는 데 있다. 만일 지금 책상 앞에 놓여 있는 그림을 폐기하고 다시 디자인을 시작한다고 하더라도 어떻게 해야 좋은 개념을 만들 수 있는가라는 질문이 제기된다. 여러 가지 처방이 내려질 수 있겠지만 가장 효과적인 방법 중 하나는 이론에 기대는 것이다. 이론은 어떠한 현상의 법칙이나 의미를 설명하기 위한 논리적인 사고의 총체를 말한다. 따라서 이론 속에는 내가 그토록 찾아 헤맸던 의미나 개념들이 백화점의 신상품들처럼 아름답게 신열되어 있다. 게다가 저명한 학자들이 제시한 의미와 개념들의 논리는 이탈리아 장인의 수제화처럼 기품 있고 튼튼하다. 조경 이론뿐만 아니라 건축이나 디자인 이론에서도 실마리를 얻을 수 있으며 내친김에 사회학, 철학, 경제학, 물리학 등 다양한 이론을 참조하면 디자이너가 활용할 수 있는 개념의 소스들은 더욱 풍성해진다. 물론 어떤 이론을 선택하여 어떠한 방식으로 내 설계에 적용할지는 디자이너의 역량에 달려있지만, 나 혼자 고민에 고민을 거듭하여 만들어낸 개념과 이론의 도움을 받아 제시한 개념의 질은 비교할 수 없을 정도로 차이가 날 수밖에 없다.

김 군은 박 군과는 반대로 훌륭한 개념을 갖고 있지만 형태로 넘어가는 경계에서 항상 좌절되는 상황에 처해 있다. 정석을 따르자면 김 군에게는 부족한 조형 감각에 대한 훈련이 필요하다. 분명 조형감은 선천적으로 타고나는 측면이 있다. 하지만 그 감각을 전혀 후천적으로 계발할 수 없는 것은 아니다. 전통적인 에콜 데 보자르Ecole des Beaux-Arts에서부터 근대 조형 교육의 기초를 닦은 바우하우스Bauhaus까지 조형감을 계발하고 향상시키기 위한 다양한 방법이 제시되었다. 지금도 학교 미술 시간이나 미술학원의 교육 과정 중 상당 부분은 조형감을 계발하고 익히는 훈련이 대부분을 차지한다. 그런데 문제는 훈련을 통해 조형감을 키우려면 꽤 오랜 시간이 걸린다는 점이다. 미술대학에 진학했던 친구들을 떠올려보자. 수능을 보고 나서도 어느 과를 선택해야 할지 갈팡질팡했던 우리와는 달리 이들은 일찌감치 예술의 길을 선택하고 중학교, 고등학교 방과 후 대부분의 시간을 미술학원에서 보냈다는 사실이 기억날 것이다.

박 군의 경우 몇 주간 독하게 책을 독파하고 고민을 해본다면 꽤 괜찮은 형태의 개념과 논리를 찾아내는 일이 그렇게 어렵지 않을 것이다. 하지만 김 군의 경우 몇 주 열심히 그림을 그려보고 좋은 사례를 찾아보아도 없던 조형감이 갑자기 생길 리가 없다. 차라리 주문을 외우면 형태가 만들어지고 설계가 이루어지는 마법을 익히는 편이 빠를 수도 있겠다.

그런데 실제로 마법의 주문처럼 손이 아닌 말로서 이루어지는 설계의
방식도 있다.

글쓰기로서의 설계

1985년 건축가 피터 아이젠만Peter Eisenman은 "로미오와 줄리엣The Romeo and
Juliet"이라는 제목의 작품을 통해서 텍스트로서의 건축을 선보인다.[2] 텍
스트로서의 건축이라니, 도대체 어떻게 하면 설계가 글쓰기가 된다는 것
일까? 이 작품으로 베니스 비엔날레 대상The Third International Venice Architecture
Biennale[3]을 거머쥔 아이젠만이 작품의 설명서 격으로 쓴 에세이를 우선 살
펴보자.[4]

"이와 같은 문화적 변화에 대한 건축의 대응에 영향을 주기 위해 이
프로젝트는 스케일링scaling이라고 불리는 프로세스에 기반을 둔 다른 담
론을 적용한다. 스케일링의 프로세스는 세 가지 불안정한 개념의 사용을
수반한다. 이는 현존의 형이상학에 대항하는 불연속성, 기원에 대항하는
회귀성, 재현과 미적 대상에 대항하는 자기유사성이다."[5]

실제 실제 과잉는 난해만 아이젠만의 설명만큼 어렵지는 않다. 작품
은 로미오와 줄리엣의 무대가 되었던 이탈리아의 베로나Verona 시를 대상
지로 삼고 있다. 아이젠만은 베로나에서 설계를 위한 몇 가지 건축적 요
소를 도출한다. 첫째는 중세시대 성의 평면도, 둘째는 베로나의 구조를
형성하는 로마시대의 격자 체계,[6] 셋째는 베로나를 관통하는 아디제Adige
강이다. 그리고 줄리엣의 저택, 연인이 결혼식을 올렸던 성당, 소설의 비

극적 대미를 장식하는 줄리엣의 무덤이 넷째, 다섯째, 여섯째 요소다. 이 중 앞의 세 공간은 현실의 공간이며 뒤의 세 공간은 소설 속의 공간이다.[7] 그런데 흥미로운 점은 이 건축적 요소들에서 실재와 허구가 공존한다는 사실이다. 로미오와 줄리엣이 살았던 저택의 모델이 된 성들은 실제로 몬터규 가와 캐풀렛 가의 소유일 리가 없다. 당연히 성들은 소설 속의 인물이 아닌 실제 주인이 있었고 그들과 소설과는 별다른 상관이 없다. 그러나 사람들에게 성의 실제 주인이 누구인지는 중요하지 않다. 이 성은 오로지 로미오와 줄리엣을 통해서만 기억된다. 그래서 성들은 소설이 만들어지기 이전부터 존재했지만 오늘날 로미오와 줄리엣의 이야기가 없이는 성들은 아무런 의미를 갖지 못한다. 베로나의 격자 구조와 강도 성처럼 소설과는 무관하게 존재해 온 물리적 실체다. 그러나 이들 역시 소설 속의 물리적 배경을 구성하는 허구 속의 요소이기도 하다. 반면 줄리엣의 저택, 성당, 무덤은 당연히 소설 속에서만 존재하는 가상의 공간이다. 그런데 역설적으로 베로나에는 관광객을 위해 만든 이 장소들이 실재하며, 허구의 공간들은 현실의 베로나를 대표하는 명소가 되었다. 아이젠만이 선택한 공간에서는 허구와 실재가 혼재하고 있기 때문에 견고함과 영속성에 기반을 둔 건축의 고전적 가치들이 불안정해지며 동시에 전통적인 철학이 추구해 온 현존, 기원, 재현과 같은 개념들은 설 자리를 잃어버린다.

결정적으로 아이젠만은 스케일링이라는 설계 방식을 통해 불안하던 고전적 건축과 철학의 가치를 완전히 붕괴시킨다. 성의 평면도, 도시의 격

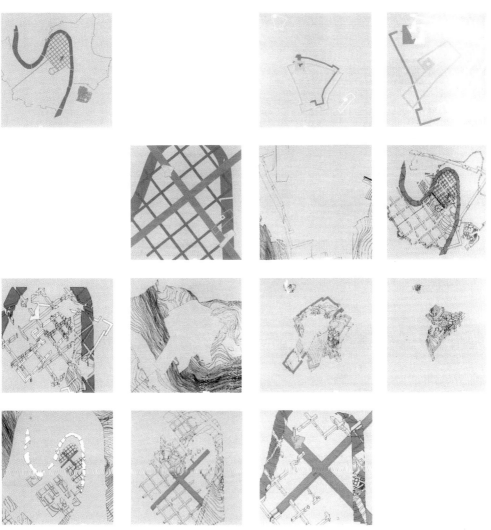

피터 아이젠만(Peter Eisenman)의 "로미오와 줄리엣" 스케일링

자 구조와 강, 소설 속의 장소들은 각기 세 가지 다른 스케일로 그려진다. 그리고 가상의 공간은 실재의 장소에 전혀 맞지 않는 스케일로 임의로 중첩된다. 기존의 설계와는 달리 스케일의 변주는 임의적이다. 여기에는 어떠한 기능적인 이유도, 미적인 이유도 존재하지 않는다. 또한 중첩을 통해서 만들어진 새로운 형태도 작가의 의도나 건축적 구조와 전혀 무관하다. 최종적 형태는 이미 존재하는 공간의 평면이 변주되며 충돌한 우연의 산물일 뿐이다. 아이젠만이 설명했듯이 이는 불연속성, 회귀성, 자기 유사성의 설계다.

그렇다면 어떻게 건축이 텍스트가 되는가? 아이젠만이 선택한 공간적 요소는 이야기의 구조, 즉 텍스트를 상징한다. 실재의 공간의 역할을 보면 중세의 성곽은 분리를 의미하며 격자 구조는 도시의 요소들을 결합해 준다. 그리고 강은 분리와 결합을 종합하는 변증법적 결과다. 즉, 강은 도시의 공간을 분리시키면서 동시에 연결시켜 준다. 이와 동일한 구도가 가상의 장소에서 형성된다. 가상의 장소 중, 줄리엣의 저택은 연인이 헤어지는 분리의 공간이다. 교회는 연인이 다시 만나는 결합의 공간, 무덤은 분리와 결합을 종합하는 변증법적 공간이다. 아이젠만은 로미오와 줄리엣의 이야기를 분리와 결합의 대립항 사이에서 새로운 변증법적 결말이 만들어지는 구조로 보았고 이를 공간적으로 해석한다. 스케일링의 중첩은 이와 같은 고전적인 변증법적 구조를 해체한다. 아이젠만의 작품은 고전적 설계처럼 건축적 공간을 형태로 구성한 것이 아니라 건축이라는 텍스트를 해체한 일종의 해체주의적 글쓰기였다. 이는 단순히 비유적인

"로미오와 줄리엣"의 엑소노메트릭

"로미오와 줄리엣"의 모델

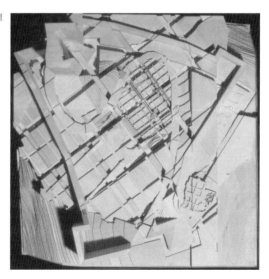

표현이 아니다. 아이젠만의 설계 과정을 살펴보면 그림을 그릴 필요도, 디자인적 조형 감각이 요구되지도 않는다는 사실을 깨닫게 될 것이다. 이미 존재하는 여섯 개의 장소의 도면의 스케일을 바꾸고 중첩하다 보면 새로운 형태가 만들어진다. 이때 설계의 핵심은 최종적인 결과물로서의 형태가 아니라 사고의 논리와 과정이며 이는 디자인보다는 오히려 글쓰기에 가깝다.

말로 하는 설계

아직 김 군은 불만스러울 것이다. "로미오와 줄리엣"이 흥미롭고 새로운 접근 방식이라는 것은 알겠다. 하지만 이 프로젝트는 예외적이지 않은가? 어차피 비엔날레에 출품하는 작품들은 현실성 없는 지적인 도발로 그쳐도 의미가 있지만 통상적인 공간을 만드는 데 이와 같은 방식이 과연 쓸모가 있겠는가?

　다음 작품은 캐나다의 공군기지를 공원화하기 위해 열렸던 다운스뷰 파크Downsview Park 공모전의 당선작인 "트리 시티Tree City"다. 언뜻 보면 프로그램 다이어그램으로 보이는 이 그림이 당선작의 최종 마스터플랜이다. 아니, 오히려 당선작은 마스터플랜을 제시하고 있지 않다고 말하는 것이 더 맞겠다. 우리는 흔히 마스터플랜을 설계의 최종 종착지로 생각한다. 아무리 생태를 강조하고 변화와 프로세스를 중시한다고 하더라도 설계에 담긴 생각과 제안들을 확정된 형태로 보여주는 최종적인 배치도가 나오지 않으면 그 설계는 미완성이라는 느낌을 지우기 힘들다. 그런데 모형에서도, 투시도에서도, 평면도에서도 구체적인 공원의 명확한 형태나 구조를 찾아볼 수 없는 "트리 시티"는 저명한 다른 디자이너들의 안을 제치고 이 공원을 위한 가장 훌륭한 안으로 뽑혔다.

당선작에 참여한 브루스 마우Bruce Mau는 다음과 같이 말하고 있다. "우리의 안은 결과물을 만든 것이 아니다. 그보다는 알고리즘이나 벡터를 디자인한 것에 가깝다. 벡터를 결정하는 경계를 만든 것이다. 우리는 진화하는 프로세스를 일련의 점들에 결합시켰다. 결합 방식에 따라 결과물

다운스뷰 파크 공모전 당선작인 "트리 시티" 도판(OMA+Bruce Mau Design+Inside Outside)

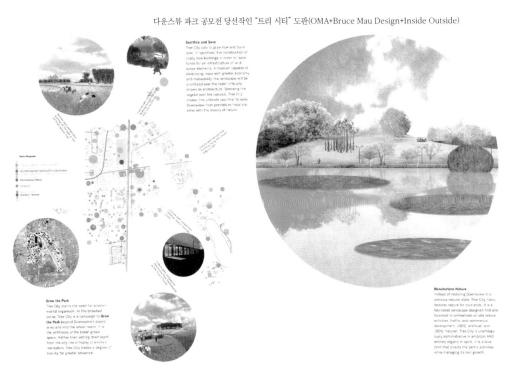

이 조직된다. 이것은 디자인이라기보다는 레시피다."[8] 애초부터 디자이너들은 완결된 형태를 만들어 낼 의도가 없었으며 오히려 효과적으로 공원을 만들어 나가는 일련의 전략을 보여주고자 했다. 이 안의 본질은 결국 여기저기 도판을 점령하고 있는 동그라미들이 아니라 텍스트다. 형태가 무의미한 시각적 요소는 일종의 기호로서 작용한다. "트리 시티"에서는 그림도 텍스트를 부연하기 위한 또 다른 텍스트가 된다. 디자인이 텍스트가 될 때 고정된 형태는 무의미해진다.

다음은 용산공원 공모전에 참여했던 필자의 작업이다. 서울 한복판에 뉴욕의 센트럴 파크에 버금가는 대형 공원을 만들기 위해서 우리나라는 물론 세계에서 손꼽히는 디자이너들이 공모전에 참가했다. 사실 참여한 팀 중 그 누가 당선되어도 훌륭한 공간을 만들어 낼 것이 확실시되는 최고의 라인업이었다. 이와 같은 상황에서는 오히려 물리적인 공간의 형태보다도 왜 그러한 공간이어야 하는가에 대한 해석과 해설이 중요해진다. 필자에게 주어진 과제가 바로 이 '왜?'에 대한 대답을 찾아내는 것이었다.

철학자 들뢰즈는 칸트의 '외연적 크기extensive Größe'와 구분되는 '강도intensité'라는 개념을 제시한다.[9] 저울의 눈금은 무게가 일정하게 증가할 때마다 동일하게 증가한다. 100kg은 10kg의 열 배만큼 무겁다. 이러한 균질한 수학적 크기가 외연적 크기다. 우리는 어떤 수치를 볼 때 늘 외연적 크기로 생각한다. 100m는 10m보다 열 배 멀며, 사과 100개는 사과 10개보다 열 배 많으며, 100도는 10도의 열 배만큼 뜨겁다. 그런데 우리가 당

용산공원 공모전 출품작 "Multipli-City"의 평면(씨토포스+SWA 외)

연하게 여겨온 외연적 크기는 실상 우리의 실제 경험과 맞지 않을 때가
많다. 10도에서 30도가 되면 우리는 정말 세 배만큼 더운가? 목욕을 할
때 누군이 어떤 성세에서 1~2도의 차이로 증가해도 우리는 화들싹 뜨
라 뜨겁다고 느낀다. 들뢰즈는 사물과 현상의 차이를 제대로 설명하기 위
해서는 강도의 개념이 도입되어야 한다고 주장한다. 몸에 열이 날 때 37
도와 41도는 불과 4도의 차이지만 그 강도는 생명을 위태롭게 할 정도로
강렬하다. 석가모니가 깨달음을 얻는 데 걸린 시간은 찰나이지만 그 순
간은 실제로 영겁의 시간보다도 더 긴 시간일 수도 있다.

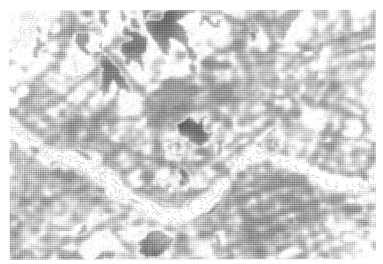

"Multipli-City"의 '서울의 강도' 다이어그램 1

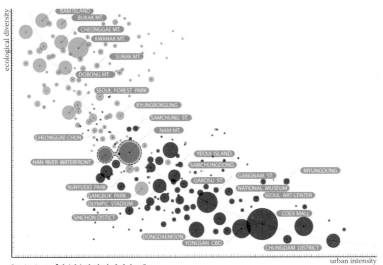

"Multipli-City"의 '서울의 강도' 다이어그램 2

용산공원을 작업하면서 필자는 서울이라는 도시의 실체를 항상 크기로 표현하는 데 의구심을 품게 되었다. 인구, 면적, 교통량. 이러한 수치들의 크고 작음으로는 결코 서울을 설명할 수 없다. 그럼에도 불구하고 우리는 다른 척도를 모르기 때문에 크기로만 서울을 이해하려고만 한다. 그러나 서울을 제대로 표현하려면 오히려 크기보다는 강도의 개념이 더 적합할지도 모른다. 우선 서울의 공간을 토지 이용에 따라 주거지, 상업지, 산업시설, 녹지로 보지 않고 생태적 다양성, 즉 '녹색의 강도'와 이용의 정도를 의미하는 '도시적 강도', 두 종류의 강도에 따라 나누어 보았다. 이 다이어그램은 강도에 따른 서울의 공간을 보여준다. 한강 밤섬의 경우 녹색의 강도는 매우 높지만 도시적 강도는 거의 없는 반면, 코엑스몰은 정반대의 수치를 가진다. 그리고 도심 공원의 경우는 대부분 녹색의 강도와 도시적 강도가 모두 중간 정도의 수치를 갖는 위치를 점유한다. 흥미롭게도 군부대이지만 이미 50년간 독립된 도시의 구조로 작동해온 용산기지 내의 공간들도 서울과 유사한 강도의 배치를 보여준다.

이처럼 서울과 용산기지가 전혀 다른 성격의 공간이지만 유사한 구조를 갖고 있다는 점에 착안하여 필자는 도시가 공원이 되고 공원이 도시가 되는 모델을 제시했다. 강도의 개념을 이용하면 공간을 구상할 때 명확한 경계가 사라진다. 또한 프로그램을 고정시킬 필요도 없다. 강도의 변화에 따라서 초지는 이벤트 공간이 될 수도 있고 생태적 천이가 일어나는 경계가 되기도 하고 장마철에는 우수 저류지가 되기도 한다. 이처럼 새로운 용산공원은 조닝zoning의 기법에 따라 분할되고 규정되는 공간

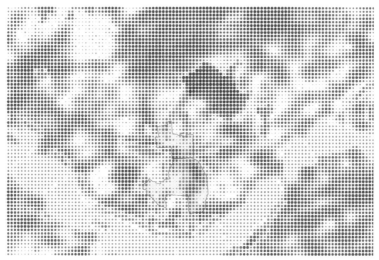

"Multipli-City"의 '용산의 강도' 다이어그램 1

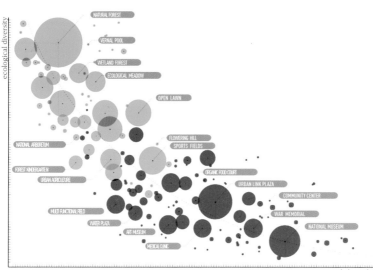

"Multipli-City"의 '용산의 강도' 다이어그램 2

이 아니라 강도에 따라서 유동적으로 변화하는 공간이 된다. 물론 도시를 닮은 공원이나 유동적 공간은 새로운 개념은 아니다. 또한 다른 팀들역시 모두 도시를 어느 정도 받아들이고 변화를 수용하는 전략과 공간을 제시할 것임에 틀림없다. 그러나 강도의 개념에 기반을 둔 공원은 없었으며 같은 전략과 공간이라도 이와 같은 해석은 새롭다. 그리고 그 새로움은 형태나 물리적 구조에 기인하는 것이 아니라 사고방식의 차이에 기인한다. 이 설계의 결과물은 그림이다. 하지만 이 설계의 실체는 화려한 조감도나 거대한 마스터플랜이 아니라 이러한 그림의 형태로 쓰인 강도의 텍스트다.[10]

사상가

여기까지 읽었어도 아직 고개를 갸우뚱하는 사람들이 있을 것이다. 정말말로 하는 설계가 가능한가? 가능하다. 왜냐하면 설계는 형태를 만드는행위이기 이전에 사고를 제시하는 행위이기 때문이다. 물론 이를 형태가중요하지 않다고 곡해해서는 안 된다. 설계의 결과물이 보고서나 책으로마무리될 수는 없기 때문에 사고를 형태에 담아내지 못한다면 의미가 없다. 하지만 그 형태가 반드시 천부적인 조형 감각에 의지할 필요는 없다. "로미오와 줄리엣"의 경우처럼 형태는 사고의 프로세스를 따라 만들어진우연의 효과일 수도 있으며, "트리 시티"처럼 오히려 전략을 부연하기 위한 시각적 기호일 수도 있다. 또한 용산공원의 예처럼 텍스트에 의해 차별성이 부각되는 형태가 될 수도 있다.

이렇게 반문할 수도 있을 것이다. 그렇다 하더라도 대부분의 경우 사람들은 사고가 훌륭한 디자인보다는 감각적으로 아름다운 형태를 만들어낸 디자인을 좋은 디자인으로 여기지 않는가? 물론이다. 하지만 지금 동기들이나 회사의 동료를 떠올려 보라. 조형 감각이 뛰어난 친구들은 많아도 얼마나 많은 친구들이 뛰어난 사고를 하고 있는가? 아름다운 형태를 쉽게 만들어내는 디자이너는 많다. 그러나 형태에 훌륭한 의미를 부여하고 폭넓은 가치를 발견하는 디자이너는 의외로 많지 않다. 혹시 아는가? 언젠가 그대에게 감각보다는 생각의 힘으로 세계 최고의 건축가의 위치에 오른 렘 콜하스^{Rem Koolhaas}처럼 "사상가^{thinker}"라는 별명이 붙게 될지.

1   Dale E. Seborg, Duncan A. Mellichamp, Thomas F. Edgar, Francis J. Doyle III, *Process Dynamics and Control*, John Wiley & Sons, 2006, p.273.

2   Eleftherios Siamopoulos, *Authorship in Algorithmic Architecture from Peter Eisenman to Patrik Schumacher*, NTUA, School of Architecture (Athens) Thesis, 2012.

3   베니스 비엔날레에서 건축 부문은 1968년부터 있었으나, 본격적으로 건축을 주제로 한 전시가 정기적으로 개최된 것은 1980년부터다. 1985년의 베니스 비엔날레는 세 번째 건축 비엔날레였다.

4   에세이의 제목은 "움직이는 화살, 에로스 그리고 다른 오류: 부재의 건축(Moving Arrows, Eros and other Errors: Architecture of Absence)"이다. 영어 원분을 보면 Arrows, Eros, Errors는 동음이의어임을 알 수 있다. 실제로 아이젠만은 한 종교학 컨퍼런스에서 오류(Errors)에 대한 자신의 발표를 에로스(Eros)로 잘못 이해한 수녀의 질문에서 에세이의 제목을 착안했다고 밝혔다. Jacques Derrida and Peter Eisenman, *Chora L Works*, The Monaceli Press, 1997, p.11.

5   Peter Eisenman, "Moving Arrows, Eros and other Errors: Architecture of Absence", Architecture Association: London, 1986.

6   베로나는 로마시대에 지어진 도시로, 로마 다음으로 로마시대의 유적이 많은 도시다.

7   Stan Allen et al., *Tracing Eisenman: Peter Eisenman Complete Works*, Random House, 2006.

8   Bay Brown, "Designing Downsview Park", *Van Alen Report* 8, pp.6~15. 재인용: 배정한, "다운스뷰 파크 국제설계경기를 통해 본 조경 설계의 새로운 전략", 『한국조경학회지』 29 (6), 2001, p.67.

9   서동욱은 강도라는 용어 대신, 강도적 크기(intensive Größe)라는 용어를 사용했으나 강도가 일반적으로 사용되는 용어이기 때문에 대치하였다. 서동욱, "칸트와 유럽 현대 철학: 들뢰즈의 초월적 경험론과 칸트", 『칸트연구』 7, 2001, p.110.

10   강도의 개념을 설명한 들뢰즈의 텍스트에 관심이 있다면 『차이와 반복』이나 『천개의 고원』 14장에 나오는 수학적 모델을 읽어보기를 바란다. 질 들뢰즈, 김상환 역, 『차이와 반복』, 민음사, 2004; 질 들뢰즈·펠릭스 가타리, 김재인 역, 『천개의 고원: 자본주의와 분열증 2』, 새물결, 2001.

03

분석만
하기

대상지, 그 진부함

또 대상지에 대한 이야기인가? 미안하지만 이제 대상지 이야기는 그만 들어도 될 것 같다. 학교를 다니는 내내 대상지의 중요성에 대해서는 지겹도록 들어왔다. 선생님들은 늘 말씀하셨다. 조경 설계의 시작은 대상지요, 끝도 대상지다. 조경은 대상지를 다루는 행위와 동의어다. 조경가는 항상 대상지를 존중하고 그 안에서 가능성을 발견하기 때문에 다른 분야의 전문가와 차별화된다. 잠깐, 요즘은 건축가나 도시계획가들도 그렇다고? 그럼 그들보다 더더욱 열렬히 대상지를 사랑해야 할 것이다. 이 정도까지 이르면 조경 설계에서 대상지는 숭배의 대상이라고 해도 과언이 아닐 듯하다. 대상지를 함부로 대했다가는 모두가 정색하는 반면 대상지를 존중할수록 칭찬을 받는다.

대상지를 제대로 알아야 좋은 설계가 가능해진다는 사실은 나도 인정한다. 그런데 솔직하게 말해보자. 아무리 대상지가 중요하다고 해도 대상지에 대한 이해와 좋은 설계는 별개의 문제 아닌가? 대상지라는 것, 좋은 설계의 실마리를 제공해 주지만 결국 원재료에 불과할 뿐 어느 시점부터 분석 도면은 책상 밑에 넣어 두고 그림을 그려내야 하지 않는가?

Processes as Values

1969년 이안 맥하그Ian McHarg는 맨해튼 남쪽에 위치한 스태튼 아일랜드 Staten Island 계획안을 제시하면서 기존의 디자이너들을 향해 도발적인 선언을 한다. "지금 제시하는 방법은 합리적일 뿐만 아니라 자명하다. 그 누구라도 이 방법과 증거를 받아들인다면 본 연구에서 제시하는 바와 동일한 결론에 도달할 수 있을 것이다. 이는 애매하며 자의적인 기준에 근거한 대다수의 계획과는 정반대의 방식이다."[1]

  그동안 건축가, 조경가, 도시계획가들은 대상지에 대한 특권적인 권위를 독점해왔다. 그런데 맥하그는 그가 제시하는 새로운 방법론만 이해한다면 옆집 아저씨도 전문가와 동일한 대안을 제안할 수 있으며, 심지어 그 결론은 대가들이 직관과 경험에 의해 만들어 내는 결과물보다도 더

이안 맥하그(Ian McHarg)의 현황분석도

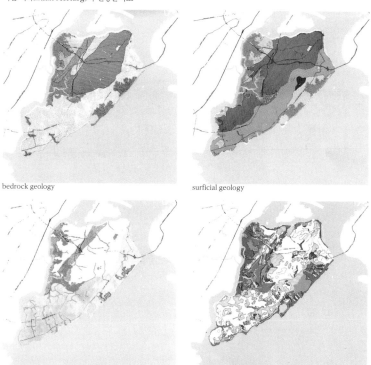

bedrock geology

surficial geology

hydrology

soil drainage environments

합리적이며 명확하다고까지 말한다. 과연 어떻게 그의 방법론은 수많은 계획가와 설계가들의 제안을 허튼 소리로 만들어 버릴 수 있었을까? 그는 단언한다. 정확한 과학에 근거하여 대상지 분석만 제대로 하면 된다고. 이것이 그 유명한 맥하그의 생태적 계획이다.

한번 맥하그가 했던 방식을 따라해 보자. 그러면 어떻게 대상지 분석이 계획안을 도출하는지 쉽게 이해할 수 있을 것이다. 우선 대상지의 지질, 수문, 토양, 식생, 야생동물, 배수, 오염도 등의 정보를 보여 줄 수 있는

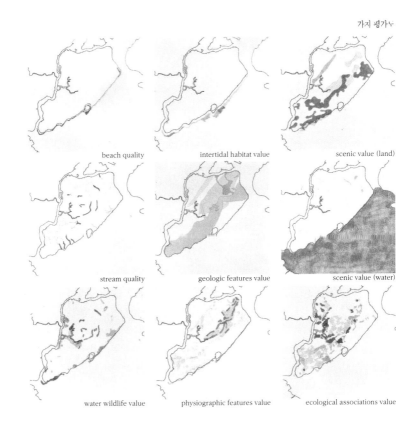

가지 평가노

beach quality   intertidal habitat value   scenic value (land)

stream quality   geologic features value   scenic value (water)

water wildlife value   physiographic features value   ecological associations value

과학적 자료가 필요하다. 그리고 숫자들로 빽빽이 채워진 두툼한 보고서의 내용을 보기 쉽게 대상지에 그림으로 표시한다. 도면화된 자료는 그 가치에 따라 다시 등급이 매겨진다. 예를 들면 배수라는 항목에서 늘 침수가 되는 지역은 가장 낮은 등급을 받을 것이며, 경관 항목에서는 경관적 가치가 우수한 곳이 높은 등급을 받을 것이다. 이렇게 가치에 따라 재해석된 항목은 투명한 필름지에 명암으로 그려진다. 등급이 높을수록 명암은 어두워지며 낮을수록 흐리다. 반대의 경우도 생긴다. 이 때 중요한 점은 각기 다른 자료가 동일한 기준의 가치 체계로 재해석되고 도면화된다는 점이다. 이런 식으로 대상지는 열두 개의 가치평가도로 분석된다.

이제 본격적으로 계획안을 만들 차례다. 맥하그에 의하면 계획안이란 어디를 보존해야 하는지, 어디를 공원으로 활용해야 하는지, 그리고 어디

주거지역 적합지와 도시화 적합지

residential suitability

unsuitability for urbanization   urbanization areas

composite: conservation-recreation-urbanization areas

종합계획도

를 도시화 지역으로 개발해야 할지를 알려주는 그림이다.[2] 각 이용에 적

합한 최적의 대상지를 선정하기 위해 맥하그는 가치평가도에서 필요한

도면들만 선택한다. 예를 들어 주거지역에 적합한 대상지는 좋은 경관적,

문화적 가치를 지녀야 하며, 수변에 가까워야 하고, 구조적으로 안정적인

토양과 기반암을 갖고 있어야 한다. 반대로 생태적으로 건강한 숲, 배수

가 불량한 지역, 침식 취약 지역, 홍수 피해 지역은 피해야 한다. 각 항목에 해당하는 투명한 도면을 겹쳐보면 가치는 명암으로 표시되기 때문에 긍정적 요인은 가장 어두울수록, 부정적 요인은 가장 흐릴수록 최적의 대상지가 된다. 동일한 방식으로 최적의 보전 지역, 공원 지역 그리고 다른 도시개발 지역을 선정하고 이를 다시 중첩하여 색을 부여하면 최종적인 계획안이 완성된다.

맥하그의 방식을 따라하는 동안 한 번도 직관적인 형태를 도면에 그리려고 고민할 필요가 없다는 사실을 깨닫게 된다. 그가 단언한대로 논리적으로 과학적 자료에 근거하여 대상지를 분석하기만 해도 최종적인 계획안을 만들 수 있다. 그런데 사실 맥하그의 말처럼 이 방법을 안다고 누구나가 동일한 결론을 내릴 수 있는 것은 아니다. 정확한 과학적 공식처럼 보이는 맥하그의 방법론에서도 객관적인 자료를 해석하는 과정에서 디자이너의 주관적인 판단이 개입하게 된다. 실제로 맥하그는 32개의 항목을 분석하였는데, 분석할 요인이 30개나 40개가 아니라 32개가 된 이유는 계획가의 판단에 기인한 것이다.[3] 또한 맥하그는 주거지를 선정할 때 수변에 가까운 대상지를 선호하였는데 누군가는 여름철 해충의 서식지가 될 수도 있는 습지에 가까이 살고 싶어 하지 않을 수도 있다. 설계와 계획에서 주관적 판단이 최소화된 객관화를 추구한 것이 맥하그 방법론의 가장 중요한 성과라고 착각해서는 안 된다. 오히려 자료를 선택하고 분석하는 시점에서 이미 디자인은 시작되며 대상지에 대한 올바른 이해가 자의적으로 그은 선들보다 더 결정적이 될 수도 있음을 보여주었다는 데서 그 의미를 찾아야 한다.

맵핑

맥하그의 방법론은 설계와 계획의 패러다임 자체를 변화시킬 만큼 강력
했지만 여기에는 치명적인 단점이 있다. 바로 과학으로 환원될 수 없는
대상지의 가치는 반영이 되지 않는다는 점이다. 하회마을을 다룰 때 풍
수는 어떻게 정량화 될 수 있을까? 인디언들의 영적인 경관은 미신에 불
과할까? 순천만의 석양을 바라볼 때 받았던 강렬한 인상은 무의미한 것
일까? 조경이 과학이 아닌 예술에 더 가깝다고 생각하는 많은 조경가들
은 환원주의에 입각한 맥하그의 방식을 달가워하지만은 않았다. 그렇다
고 맥하그 이전으로 돌아갈 수는 없었다. 맥하그 다음 세대의 조경가는
맥하그의 성과를 인정하면서도 객관적인 정보로 환원된 대상지 너머에
잠재되어 있는 창의적인 잠재성을 발굴할 새로운 방법을 강구하기 시작
했다.

　　그 한 가지 대안이 맵핑mapping이다. 지도map라는 명사를 동명사로 만
든 이 단어는 말 그대로 지도 그리기를 의미한다. 하지만 디자인에서 맵
핑은 고전적인 방식의 지도 제작법cartography과는 다른 의미로 쓰인다. 제
임스 코너James Corner는 트레이싱tracing과 맵핑을 개념적으로 구분한다. 트레
이싱이 지금 존재하는 대상What is에 대한 작업이라면 맵핑은 지금 존재하
는 대상과 함께 아직 존재하지 않은 대상What is not yet을 포괄하는 작업이
다.[4] 다시 말자하면, 맵핑은 현상의 단순한 재현이나 복제가 아니라 이전

에 드러나지 않고 생각하지 못했던 실재를 재발견하고 다양한 결과를 수
반하는 새로운 영토를 끊임없이 다시 만들어내는 행위다.

코너가 직접 작업한 맵핑 "Pivot Irrigators"는 인공적인 관수로만 유
지되는 미국 중서부 사막지대의 농경지들에 대한 분석 작업을 보여준다.
우측 상단에 보이는 10개의 원들은 이 지역의 지도와 사진을 무작위의
스케일로 나열한 것이다. 그리고 하단의 큰 원에서는 독특한 농업 경관을
가능하게 해주는 지하수층의 지도와 함께 인공위성에서 측정한 농지의
온도 분포를 볼 수 있다. 그런데 관수의 정도에 따라서 흰색과 적색으로
표시되는 지면의 온도 데이터는 인공위성의 움직임에도 영향을 미친다.

제임스 코너(James Corner)의 "Pivot Irrigators"

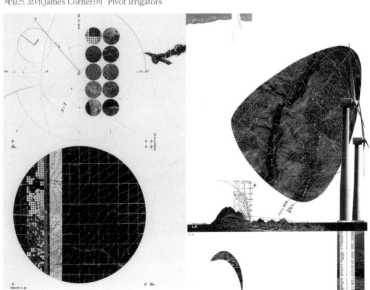

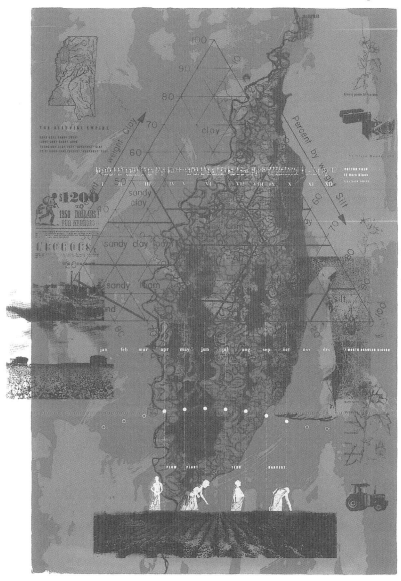

인공위성은 이 정보를 토대로 운행궤도의 오차를 수정함으로써 지속적인 공전 운동을 유지할 수 있다. 그림 상단의 인공위성 사진과 수학적 궤도는 지상의 경관과 우주에 그려진 가상의 공간을 하나로 이어주는 상관관계를 드러낸다. 이와 같은 맵핑은 코너뿐만 아니라 여러 조경가에게 대상지의 과거와 현재에 내화되어 있는 가능성을 드러내주는 매체로서 널리 활용되어 왔다.

맵핑의 구성 요소는 과학적인 자료에 근거하고 있다. 지하수층의 위치, 인공위성의 궤도, 지표면의 온도, 수치 지도 등 모든 정보는 한 치의 오차도 없다. 그런데 이 자명한 개별적 요소의 종합은 그렇게 자명하지 않다. 전도된 색상, 정보의 중첩, 재배치, 맵핑의 작업을 거친 대상지의 객관적인 특징은 오히려 혼란스럽게 느껴진다. 이 혼란 속에서 새로운 해석의 여지가 만들어지며 요소들의 충돌은 대상지의 숨겨진 본질을 드러내준다. 맵핑은 맥하그가 제시한 바대로 과학적 자료에 근거하고 있지만, 그 해석의 방식은 오히려 유연하기 때문에 대상지의 주관적이면서도 실재적인 감성과 현실을 동시에 찾을 수 있게 한다.

메타스케이프

설계의 범위를 폭넓게 해석한다면 맥하그의 방법도, 맵핑도 설계 행위로 볼 수 있지만, 이 정도로 대상지 분석이 설계의 전부가 될 수 있다고 한다면 쉽게 수긍이 가지 않을 것이다. 이제 좀 더 설계다운 구체적인 예를 살펴보자. 필자가 미국에서 첫 출근을 했을 때 내 옆자리에는 나와 같은 날 입사를 한 형님이 계셨다. 같은 한국인인데다가 이름도 비슷하여 늘 인사 담당자들이 착각을 할 정도였지만, 실상은 외모도, 성격도, 작업 방식도 나와는 정반대였다. 그럼에도 불구하고 우리는 공통된 불만과 의문을 갖고 있었다. 그것은 학교에서 배운 대상지에 대한 신선한 해석을 막상 실무에서 적용할 수 있는 경우가 거의 없다는 불만과, 과연 새로운 사고들이 학교 연구실과 학생 작품을 넘어서 현실의 설계에 적용이 될 수 있을까라는 의문이었다. 운이 좋게도 우리는 함께 몇 개의 공모전에 참여하여 대상지에서 설계의 단초는 물론 과정과 결과까지도 이끌어내는 실험을 시도해보게 된다.[5]

　강북생태문화공원을 다루며 우리는 단순히 대상지에 남겨진 요소가 선택적으로 반영된 공원 대신, 대상지 내외부의 조건과 끊임없이 영향을 주고받는 공원을 구상하고자 하였다. 이때 공원을 만드는 새로운 논리는 외부에서 도입된 이질적인 언어가 아니라 대상지의 조건을 통해 도출되는 내재적인 언어여야 한다고 생각했다. 우리는 새로운 공원을 구성하는 방식을 메타스케이프metascape라고 명명했다. 메타스케이프는 아직 발현되지 않은 경관의 잠재성을 작동시키는 경관의 내속된 논리이자 대상지에 토대를 두고 있지만 이를 넘어서 새롭게 재구성된 경관을 의미한다. 여기서 메타의 개념을 구체적으로 설명할 필요가 있겠다. 메타meta는 '넘어서beyond', '위에upon'를 의미하는 그리스어 기원을 갖는 접두사로서 형이상학metaphysics이나 메타데이터metadata가 메타와 결합되어 사용되는 대표적인 단어다. 우리가 일상적으로 사용하는 언어를 예로 들어보자. 현실 속

에서 경상 방언, 전라 방언, 제주 방언처럼 개별적인 지역의 언어만이 존

재할 뿐 구체적인 한국어의 실체는 실재하지 않는다.[6] 그런데 이 다양한

방언이 동일한 언어라고 간주할 수 있다면, 각각의 방언을 관통하는 문

강북생태문화공원 평면

법과 규칙이 존재해야 한다. 개별적인 방언을 넘어서 이를 하나의 언어로 만들어주는 언어가 바로 메타-언어인 한국어다.[7]

그런데 왜 생소한 메타라는 개념을 굳이 설계에 도입해야 했을까? 그 것은 새로움에 대한 문제 때문이었다. 대상지를 존중하는 어떠한 설계 방식을 거쳐도 그 결과물이 대상지의 가치를 온전히 반영한다는 것은 불가능하다. 아무것도 변화시키지 않고 현 상태만을 유지하는 설계는 의미가 없다. 새로움을 추구하는 이상 설계는 필연적으로 대상지를 변형시켜야 하며 그 결과물은 본질적으로 원래의 대상지와는 다른 성격의 공간이 될 수밖에 없다. 메타스케이프는 원래 대상지와 동일하면서도 전혀 다른 결과물을 만들기 위한, 일종의 해결 불가능한 문제에 도전하기 위한 실험적 장치였다.

제주의 방언은 서울 사람들이 그 뜻을 이해할 수 없을 정도로 서울말과 다르게 들린다. 그럼에도 불구하고 이 둘은 언어 구조상 같은 한국어다. 그런데 각 방언은 한국어의 변형된 결과가 아니라, 메타-언어인 한국어가 현실에서 사용될 수 있는 여러 가지 잠재적 가능성이 실체화된 양 태다. 설계도 이와 마찬가지일 수 있다. 대상지에 내재된 구조를 발견할 수 있다면, 그리고 그 동일한 구조에 기반을 두고 새로운 공간을 창조할 수 있다면, 그 결과물은 구조적으로는 원래의 대상지와 동일하지만 구현된 실재의 공간은 전혀 달라지는 설계가 가능하다. 메타스케이프에서 설계는 기존의 대상지를 변형시켜 다른 공간으로 바꾸는 작업이라기보다는 대상지의 동일한 구조가 만들어 낼 수 있는 여러 잠재성 중 하나를

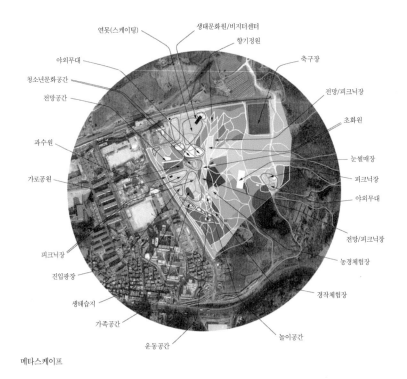

연못(스케이팅)   생태문화원/비지터센터
야외무대   향기정원
청소년문화공간   축구장
전망공간   전망/피크닉장
과수원   초화원
가로공원   눈썰매장
    피크닉장
    야외무대
피크닉장   전망/피크닉장
진입광장   농경체험장
생태습지   경작체험장
가족공간   놀이공간
운동공간

메타스케이프

발현시키는 과정이 된다.

실제 설계 과정에서 메타스케이프는 네트워킹, 조직화, 생태화의 과정
을 거친다. 말이 낯설어서 그렇지 이 세 가지 과정은 설계를 하는 이들이
라면 늘 해오던 대상지 분석의 다른 버전이다. 쉽게 말하자면 네트워킹은
대상지의 선적인 요소들, 산책로, 인근 도시의 길, 능선과 계곡에 대한 종
합적인 분석이다. 마찬가지로 조직화는 대상지의 면적인 요소들, 숲, 과
수원이나 경작지, 그리고 활용 가능한 공터가 만들어내는 대상지의 공간
적 논리에 대한 분석이다. 대상지의 선적 구조인 네트워킹과 면적 구조

인 조직화는 한국어의 문법에 해당하는 대상지의 내재적 체계다. 네트워킹과 조직화와는 달리 생태화는 새로운 형태와 공간을 구체적으로 창조하는 과정이다. 분석은 어디까지나 현상에 대한 해석이며 종합이다. 이미 존재하는 현상이 충분한 새로움의 잠재성을 지니고 있지만, 이 잠재성을 발견했다고 해서 잠재성이 저절로 발현되지는 않는다. 잠재성을 새로운 현실로 바꾸는 과정이 생태화의 과정이다. 다시 언어에 비교하자면 생태화는 공통된 언어적 규칙을 토대로 시나 소설과 같은 문학적인 작품을 구성하는 작문법에 해당된다. 생태화에서 가장 중점이 된 공간은 공원에서 이용이 활발하게 되는 레크리에이션 지역과 자연환경이 보존된 생태적 지역의 경계에 위치한 추이대였다. 추이대는 새로운 공간이지만 그 구

성의 원리는 지형, 인접한 프로그램, 식생 등 이미 존재하는 대상지의 조건 속에 내재되어 있다. 추이대는 이후 네트워킹과 조직화를 통해 형성된 전반적인 시스템을 만나 전체적인 공원의 형태를 구성한다.

다섯 개의 씨앗

대상지에 내재된 원리를 통해서 새로운 공간을 설계하려던 메타스케이프의 야심찬 기획은 프로그램에서 난관에 부딪힌다. 메타스케이프는 대상지의 물리적 구조에 기반을 두고 있다. 따라서 동선, 식재, 시설, 배치 등 설계의 물리적 요소를 원대상지에서 끌어내는 데는 아무런 문제가 없다. 그런데 프로그램만큼은 물리적 실체를 지니지 않는 행위의 체계이기 때문에 메타스케이프의 논리를 그대로 따를 수가 없다. 우리는 다음에 도전한 충북 혁신도시 공모전에서 프로그램의 논리까지도 대상지로부터 찾아내고자 하였다.[8]

이번 공모에서 우리는 대상지의 구조를 형성한 사람들의 행위와 해석에 주목했다. 대상지에는 언제나 사람이 그 땅을 변형시키고 소통해 온

생태화(Meta-Ecology)

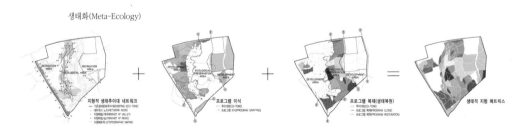

블루밍테라스

개발에 의한 사면은 나무도 사람도
없는 죽은 땅이다.
누구나 살고 싶어 하는 미래형 도시인
혁신도시에는 입면시설과 램프설치로
사면공간을 활성화 시킨다.

행복한 숲

대지의 기억을 담은 습지는 생물의
서식처가 된다.
자연을 간섭하지 않는 최소한의
관찰로로 생태를 살펴봄으로서
자연과 함께 더불어 사는 친환경
녹색도시를 조성한다.

방식을 보여주는 증거들이 남아 있다. 만일 이러한 행위의 흔적을 발견하여 해석할 수 있다면 대상지에서 물리적 구조뿐만 아니라 프로그램의 논리까지도 도출할 수 있다는 것이 우리의 가설이었다. 우리는 고고학자가 유물을 발굴하며 의미를 재구성하듯, 대상지에서 원형적인 공간 구조를 발견하여 그 안에 반영된 행위의 논리를 통해 공원에 적합한 새로운 프로그램을 재구성하였다. 다음의 다이어그램은 그 과정을 구체적으로 보

단위 공간과 프로그램의 구성 프로세스

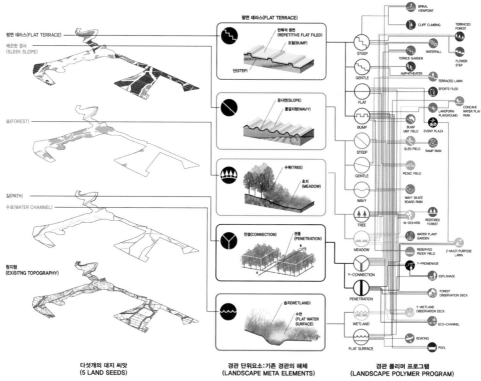

여준다. 평지 테라스, 경사지, 숲, 길, 수로가 우리가 찾아낸 대상지가 지닌 다섯 가지 원형이다.[9] 그리고 이 다섯 원형은 특징적인 단위 요소로 분석된다. 예를 들어 사람이 가장 적극적으로 개입한 평지 테라스의 구조는 이용가능한 단과 단을 구분하는 요철로 이루어지며, 사람의 개입이 가장 소극적이었던 숲은 수목과 초지라는 단위로 구성된다. 다음 단계로 각 원형의 단위 요소가 만들어내는 구체적인 공간 유형을 찾아낸다. 예를 들면, 다섯 원형 중 평지 테라스는 가파른 테라스, 완만한 테라스, 평지, 요철지의 네 가지로 구분된다. 길의 경우 다른 지역을 연결해주는 Y자형과 통과가 목적인 관통형으로 나누어진다. 마지막으로 사람의 행위가 반영된 각 공간 유형에 가장 적합한 프로그램을 이끌어낸다. 이때 새로운 프로그램은 서로 다른 원형에서 나온 다양한 공간 유형의 조합에 따라 만들어지기도 한다. 평지와 수로가 결합하면 뱃놀이 프로그램이 만들어지며, 완만한 테라스와 초지의 조합은 테라스형 초화원을 만들어 낼 수 있다.

이와 같은 방식으로 도출된 공원의 프로그램은 대상지의 물리적 원형에 근거한 단위 공간과 짝을 이루게 된다. 그런데 프로그램과 공간의 조합체는 대상지의 특징적 구조에 따라 만들어졌기 때문에 하나의 통합된 공간을 형성하지 못하고, 유적지에서 여기저기 흩어진 유물처럼 산발적으로 나타날 수밖에 없다. 이제 우리는 산재된 프로그램의 파편을 하나의 공원으로 구성하기 위해 중합체polymer라는 개념을 도입한다. 화학에서 중합체란 단위체가 반복되어 연결된 고분자의 한 종류로서, 플라스틱이

경관 중합체의 개념을 이용한 공간 구성 프로세스

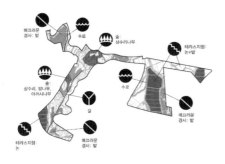

보존 대지 씨앗(KEY LAND SEEDS)

경관단위요소를 간직하고 있는 대표적인 공간을 선택, 분화된 프로그램 도입을 위한
공간 프레임 설정함.

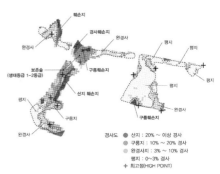

경사도
- ● 산지 : 20% ~ 이상 경사
- ◐ 구릉지 : 10% ~ 20% 경사
- ○ 완경사지 : 3% ~ 10% 경사
- 평지 : 0~3% 경사
- ＋ 최고점(HIGH POINT)

가용지 분석

대상지의 경사도, 식생 및 훼손상태를 고려하여 프로그램 도입의 잠재성을 분석

씨앗의 성격

주변과의 관계를 고려 씨앗의 성격을 결정

▶ 이용자 예상유입
⟷ 녹지축(보행축)

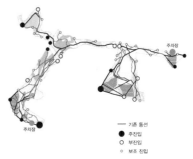

── 기존 동선
● 주진입
◐ 부진입
○ 보조 진입

길의 분화

기존 동선의 흔적을 따라 순환 동선의 골격을 형성. 외부로부터의
진입 위계를 고려하여 동선 분화.

씨앗의 분화: 경관 폴리머 삽입

씨앗의 성격과 프로그램의 규모에 따라 분화. 씨앗사이의 전이공간은 경관
단위요소 종합체인 경관 폴리머 프로그램 삽입.

나 DNA가 대표적인 중합체의 예다. 단일체가 다양한 화학적 결합을 통해 복잡한 형태의 중합체가 되는 과정과 유사하게, 서로 다른 단위 공간과 프로그램의 짝은 서로 결합을 해나가면서 완성된 공원의 공간 구조를 형성한다. 이러한 설계 방식에서 공간은 설계자의 직관적인 형태에 따라 구성되지 않는다. 여기서 중요한 것은 대상지에 대한 분석과 그 해석의 결과를 공간으로 구현하는 논리 체계다. 이는 대상지 분석에 근거하여 새로운 형태를 그려나가는 방식이라기보다는 차라리 대상지의 가능성이 수면 위로 점차 떠올라 최종적인 공간을 구체적으로 구현하는 방식의 설계에 가깝다.

대상지, 그 풍부함

대상지 분석을 꽤나 해보았다고 대상지를 만만하게 보아서는 절대로 안된다. 만일 대상지가 진부하게 느껴진다면 그것은 대상지가 진부하기 때문이 아니다. 진부한 대상지는 없다. 다만 대상지를 대하는 그대의 태도와 관점이 진부할 뿐이다. 뛰어난 작가들이 수없이 많은 작품을 쏟아내어도 매번 신선하고 색다른 안을 선보일 수 있는 이유는 부분적으로 그들의 능력 때문이기도 하겠지만 또한 대상지가 들려주는 이야기가 매번 다르기 때문이기도 하다. 대상지를 우습게 여겼다가 그 늪에 빠져 허우적댈 수도 있고, 대상지에 귀를 기울이다가 지금까지 전혀 생각하지 못했던 아이디어를 얻을 수도 있다. 그대가 지금 얼마나 설계를 잘하는지는 모르겠다. 그러나 이것만큼은 장담할 수 있다. 대상지가 가진 풍부함을 제대로 이해하게 될 때 그대는 비로소 훌륭한 디자이너의 자질을 갖게 될 것이다. 대상지가 설계의 유일한 정답이 아니라는 사실을 잊지 않는다면, 한 번쯤은 대상지의 풍부함 속에 깊이 빠져 볼 것을 권한다.

1 ——— Ian McHarg, *Design with Nature*, New York: John Wiley & Sons, INC., 1969, p.105.

2 ——— 앞의 책, p.104.

3 ——— 실제로 맥하그는 분석 과정에서 기존의 계획 과정에서 중요하게 여겨오던 경제적 가치를 포함시킬 수 있었지만 경제적 가치는 유동적이기 때문에 제외했다고 말하고 있다(앞의 책, p.115).

4 ——— James Corner, "The Agency of Mapping: Speculation, Critique and Invention", in Denis Cosgrove (ed.), *Mappings*, Reaction Books, 1999, pp.213~252.

5 ——— 당시 조경기술사사무소 LET, 스튜디오 101의 김현민 소장과 함께 2006년 파주운정지구 도시기반시설 나군, 2007년 강북생태문화공원과 2008년 충북 진천·음성 혁신도시 A구역 공모전에 참여하였다.

6 ——— 표준어와 한국어는 다르다는 점을 유의할 필요가 있다. 표준어라 함은 교양 있는 사람들이 두루 쓰는 현대 서울말로 정함을 원칙으로 한다. 즉, 표준어는 한국어를 대표하는 서울의 언어일 뿐이다. 만일 표준어를 한국어와 동일시한다면 서울에서 사용하지 않는 지역 방언의 어휘는 한국어가 아니지만, 사실 그렇지는 않다.

7 ——— 소쉬르의 언어학에서 한국어는 공시태인 '랑그'에 해당되며 지역의 방언은 통시태인 '파롤'에 해당된다. 그런데 메타-언어로서의 한국어는 소쉬르의 파롤과 명확히 구분된 체계와 규칙으로서의 랑그와 정확히 일치하지는 않는다. 메타 개념의 특징은 자기지시성이다. 즉, 메타-언어로서의 한국어는 각기 다른 방언에 동질성을 부여하는 문법적 구조일 뿐만 아니라 그 자체로도 방언과 같은 실재의 언어이기도 하다. 우리가 영어를 배울 때 미국식 영어, 영국식 영어, 호주식 영어를 구분해서 배우지 않는다. 그렇다고 해서 일종의 메타-언어인 영어가 언어의 구조적 체계에 불과할 뿐 실재의 언어가 아닌 것은 아니다. 이렇게 볼 때 메타스케이프는 경관을 구성하는 구조와 원리이면서 동시에 실재의 경관이기도 하다.

8 ——— 다음을 참조. "충북 진천·음성 혁신도시 도시기반시설 조경설계공모", 『환경과조경』 2009년 2월호, pp.142~149.

9 ——— 실제 도판에서 평지 테라스는 평면 테라스(flat terrace), 경사지는 매끈한 경사(sleek slope)로 표기되었다. 정확히 말하자면 평면 테라스는 다양한 형태의 평지의 변형으로 분절된 표면을 지칭한다. 이와 반대로 매끈한 경사는 변형이 분절되지 않은 연속적인 형태로 나타나는 표면을 의미한다. 평면 테라스와 매끈한 경사의 차이는 분절의 유무에 있다. 논과 밭의 형태적 구조는 유사하지만, 논에서 발견되는 둑길과 경작지의 구조는 분절된 구조를 지니는 반면 밭은 이랑과 고랑으로 이루어진 연속된 구조로 서로 다르다.

04

맥락
무시하기

맥락의 이름으로

선유도공원, 청계천, 감천문화마을, 한양도성길, 하늘공원, 서서울호수공원, 북한산 둘레길, 광화문광장, 북서울꿈의숲, 이화동 벽화마을. 모두 요 근래 사람들 입에 자주 오르내리며 많은 관심과 사랑을 받아 온 다양한 조경 공간들이지. 그런데 성격도, 규모도, 디자인도 전혀 다른 이들을 관통하는 공통된 키워드가 하나 있어. 바로 맥락context이야. 요즈음 좋은 디자인이란 곧 맥락을 잘 고려하고 반영한 디자인이라고 해도 크게 틀린 말은 아닐 걸. 화제가 되는 새로운 조경 작품이나 공모전 당선작의 설명을 보면 대상지에 남아있는 지형이든, 인근 마을의 설화든, 그곳에 찾아오는 철새든, 항상 맥락에서부터 설계가 시작되거든. 어찌 보면 당연한 이야기 아니겠어? 영화를 중간부터 보면 전후 맥락을 모르기 때문에 전혀 이해가 되지 않을 때가 많잖아. 마찬가지로 주변의 맥락과 소통할 수 없는 설계는 삐걱거릴 수밖에 없지. 그래서 이번 우리 팀의 설계는 맥락에 중점을 맞추어서 진행을 하는 것이 정답이라고 생각해.

맥락이라는 새로운 바람

잠시 옳고 그름에 대한 가치 판단은 유보하고 언제부터 맥락을 중심으로 설계의 새로운 바람이 불기 시작했는지를 살펴보자. 맥락이 설계의 중요한 가치로 대두하게 된 상황을 제대로 파악해야만 우리는 설계에서 맥락이 지니는 의미를 편견 없는 시선으로 마주할 수 있을 것이다.

새로운 움직임이 나타날 조짐은 이미 1960년대부터 건축계를 중심으

선유도공원, 서서울호수공원

로 보이기 시작했다. 20세기 초 몇몇 선구적인 건축가의 개별적인 실험에서 시작된 모더니즘은 곧 유럽 전역으로 확장되어 서구의 근대 문명을 대표하는 양식으로 발전했다. 1930년대 이후에 모더니즘은 국제주의의 이름으로 남미, 아프리카, 아시아로 전파되어 건축과 도시는 물론, 인간의 삶의 방식을 근본적으로 재편한다. 1960년대는 성기 모더니즘이 건축의

광화문광장, 청계천

헤게모니를 완전히 장악한 시기였다.[1] 국제주의, 더 넓게는 유럽에서 시작
된 근대적인 건축 운동인 모더니즘이 내세운 가치는 새로움과 보편성이
었다. 새로움과 보편성이라는 기치 아래에서 거의 모든 과거의 가치가 부
정되고 지역의 특수성은 배격 당했다. 이렇게 모더니즘은 거의 반세기 동
안 인간의 정주 구조에서 맥락을 철저히 지워왔다. 모더니즘 거장들의 시

대가 저물어가던 1960년대에 들어서 새로운 세대의 건축가들은 의구심을 품기 시작했다. 절대적인 진리라고 믿어 의심치 않아왔던 모더니즘의 가치관이 만들어낸 결과는 거장들이 꿈꾸어 오던 이상과는 상당히 다른 모습이었다. 이전의 마을과 도시를 구성하던 골목은 그리드 형태의 차도로 정리되었고 자연스럽게 거리에서 사람들의 소리는 자취를 감추어 버렸다. 지붕의 모양을 보면 어느 동네인지를 알 수 있을 정도로 특색 있던 건물 대신 지루하게 반복되는 콘크리트 박스형 건축물이 우리의 삶을 구성하는 기본적인 공간이 되었다.

모더니즘이 유일한 건축적 양식이 되어버린 상황에서 이를 어쩔 수 없이 받아들여야 했던 비서구권 건축가들의 괴리감은 더욱 컸다. 유럽과 미국의 젊은 건축가들 역시 모더니즘에 회의를 느끼기 시작했지만 모더니즘은 최소한 그들이 스스로 만들어낸 양식이었다. 그러나 제3세계의 건축가들에게 모더니즘은 서구에서 수입된, 어쩌면 강요되었을지도 모르는 이질적인 양식이었다. 1960년대 정치적으로 과거의 식민지 국가들이 독립을 쟁취하고 있을 무렵 오히려 그들의 도시와 삶은 다시 근대화와 국제화라는 명분으로 종속되기 시작했다. 모더니즘은 그들의 맥락을 파괴하는 데 가장 선두에 서 있었다. 의문이 생길 수밖에 없었다. 겨울의 왕국인 스칸디나비아 지방에서 왜 지중해의 이상을 담은 수평창과 평지붕을 사용해야 하는가? 누구보다 강렬한 태양과 색채를 가진 멕시코에서 왜 콘크리트로 이루어진 회색과 백색의 도시를 만들어야 하는가? 그동안 목조로 건물을 지어오던 일본에서 콘크리트와 철골의 건축은 무엇을 의미하는가? 이러한 의문을 해결하기 위해 그들은 새로운 그들의 건축을 시도한다.[2] 맥락이 다시 중요해진다. 그리고 완전한 제국을 완성했다고 자부했던 성기 모더니즘에 균열이 가기 시작한다.

새로움과 보편성보다 정체성의 기반이 되는 맥락을 중요시한 젊은 건축가들의 작업은 이후 이론가들에 의해 맥락주의Contextualism, 혹은 지역주의Regionalism라는 하나의 흐름으로 정리된다.[3] 그리고 이 새로운 흐름은 모더니즘에 대한 전면적인 전쟁이 선포되었을 때 선봉에 서게 된다. 1970년대에 들어서게 되면 모더니즘이 끝났다는 선언은 더 이상 특별할 것도 새로울 것도 없이 공공연하게 받아들여졌다. 이제 거장들이 떠난 모더니즘의 제국을 무너뜨리기 위해 연합 전선을 구성했던 후계자들은 모더니즘의 가치를 대체할 새로운 지향점을 제시해야 했다. 이때 역사, 의미, 상황, 장소성, 지역성, 정체성 같이 모더니즘이 부정했던 가치를 포괄하는 맥락이라는 개념이 전면에 등장한다. 맥락의 대두와 함께 조경의 가치가 새삼스럽게 주목받기 시작한다.[4]

솔직히 말하자면 20세기 전반부에서 조경의 위상은 그리 크지 않았다. 근대 도시와 함께 나타난 새로운 공원이 근대적 의미의 조경이 형성되는 계기를 마련해 주기는 했지만, 인간의 정주 구조가 근본적으로 바뀌는 급진적인 변화의 과정에서 조경은 주도적인 역할을 담당하지 못했다. 오히려 조경은 도시와 괴리된 낙원의 이미지를 제시함으로써 모든 형태의 변화에 대한 변명거리를 제공하는 수단으로 이용될 뿐이었다. 공원은 극도로 열악해져만 가는 산업도시에 대한 구원이기도 했지만 동시에

면죄부를 주기도 했으며, 모더니즘이 과거의 맥락을 모조리 파괴해가는 과정에서도 이를 정당화하는 공간으로 활용되었다. 그러다가 맥락의 의미를 다시 찾아내는 과정에서 경관landscape은 모더니즘이 장악했던 반세기 동안 잃어버린 가치를 복원하는 가장 중요한 매체가 된다. 왜냐하면 맥락이라는 것 자체가 사실은 경관이기도 했기 때문이다. 그리고 경관을 만드는 조경의 역할 역시 재조명받게 된다.

맥락의 이면

모더니즘이 무너지고 맥락이 부활하는 20세기 후반부의 서사를 보면 모더니즘은 마치 악의 제국 같다. 평화롭고 아름다웠던 마을과 도시를 파괴하며 자신의 획일적인 방식을 강요하는 악당. 이렇게 본다면 참으로 잃어버렸던 맥락의 가치를 존중하고 설계에 반영하게 된 것은 천만 다행스러운 일처럼 느껴진다. 그런데 만약 우리가 처한 상황이 매우 열악하고 끔찍하다면 어떨까? 예를 들면 노예제도라든가 군사독재와 같은 맥락도 설계자가 존중하고 지켜야 할 가치일까?

지금 우리 눈에 19세기의 모습이 그대로 보전된 파리 구도심은 아름답기만 하다. 그런데 정확히 같은 시기의 같은 도시를 벤야민Walter Benjamin은 썩어가고 있는 악몽이라고 묘사했다. 20세기 초 모더니즘의 주역이 될 젊은 건축가들의 눈에도 모든 도시가 닮고 싶어 하는 화려한 세계의 수도 파리는 악몽과도 같았다.[5] 홉스봄Eric Hobsbawm이 정의했듯이 19세기는 혁명의 시대였다.[6] 정치적으로는 과거의 절대왕조와 귀족 계급이 몰락하고 자유와 평등을 기치로 한 새로운 시민사회가 열렸다. 경제적으로는 산업혁명이 생산성을 폭발적으로 증가시키고 하루가 멀다 하고 새로운 발명품이 쏟아지는 시기였다. 이렇게 모든 것이 바뀌고 있을 무렵 건축과 도시는 과거에 머물고 있었다. 파리 오페라 하우스^{Palais Garnier}로 대표되는 19세기의 건축은 답습되어 오던 고전적인 양식을 차용하고 있었을 뿐만 아니라 오히려 더욱 장식에 치중하는 뒤틀린 모습으로 나타나고 있었다. 이미 산업화의 산물로 등장한 철골과 같은 신재료와 신공법이 건축을 통

파리 오페라 하우스

해 삶을 근본적으로 바꿀 수 있음에도 불구하고 의미 없는 장식에 집착하는 도시의 모습은 희극에 가까웠다. 새로운 시대를 꿈꾸는 건축가들은 차라리 아무런 가식도 없는 미국의 공장을 보고 감동했다.

이는 단순히 미적 양식의 문제만은 아니었다. 혁명의 시대에서 자본의 시대로 넘어가면서 도시의 구조는 더욱 왜곡되기 시작했다. 한쪽에서는 금과 보석으로 장식된 오페라 하우스가 지어지는 한편 다른 쪽에서는 건물이라고 할 수도 없는 열악한 빈민촌이 형성되고 있었다. 오페라 하우스와 같은 건축을 포기한다면 인간 이하의 삶을 살고 있는 노동자층의 주거 환경을 건축이 완전히 바꿀 수도 있는 일이었다. 화려하고 아름다운 파리의 중심가도, 변두리에 형성된 추악한 빈민들의 주거 환경도 모두 그들에게는 부정해야 할 도시의 모습이었다. 그들에게 지켜야 할 맥락 따위는 없었다. 시테 섬Ile de la Cite 북쪽의 파리 구도심을 완전히 철거하고 고층 건물로 이루어진 새로운 신도시를 제안한 르코르뷔지에Le Corbusier의 안은 모더니즘 도시계획의 무모함을 비판할 때 빈번히 인용되는 사례다.[7] 그런데 르코르뷔지에에게 이 안은 한 괴짜 건축가의 망상이나 역사의 가치를 알지 못하는 건축가의 폭거가 아니라 한 시대에 보다 나은 모습을 제시하고자 했던 절실한 이념이자 절박한 실천이었다.

오늘날 보면 과거의 역사를 무시하고 잘못된 근대화와 서구화를 도입하는 데 앞장선 국제주의 양식 역시 시대적 당위성을 지니고 있었다. 과거 식민지였던 국가의 젊은 건축가들에게 과거는 그리 아름답지만은 않았다. 그들이 지닌 맥락은 수탈과 침략의 흔적이거나 아니면 낙후된 삶의 양식을 보여주는 증거일 뿐이었다. 그들에게 역시 지켜내고 싶은 맥락은 존재하지 않았다. 그리고 모더니즘은 아픈 과거의 역사와 열악한 현재의 모습을 동시에 극복할 수 있는 최선의 대안이었다. 20세기 전반, 시대는 과거를 부정했고, 새로움과 보편성은 국가와 문화를 떠나 모두가 공유하는 절대적인 가치였다. 설계뿐만 아니라 모든 분야에서 맥락을 무시하는 것이 단 하나의 정답이 될 수밖에 없던 시대였다.

흑과 백

자, 아직 맥락을 둘러싼 제국의 몰락과 영웅의 이야기는 끝나지 않았다. 모더니즘이 끝났다고 공공연하게 선언되던 1970년대 이후 도시의 모습은 어떻게 되었을까? 모더니즘 제국은 사방에서 맹공을 받고 위기에 처하기는 했지만 끝내 무너지지는 않았다. 여전히 새로움과 보편성은 오늘날의 도시 환경을 구성하는 중요한 가치이며 현대 건축의 주류적인 가치이기도 하다. 물론 이는 20세기의 모더니즘이 추구했던 가치와는 다른 방향의 새로움과 보편성이다. 현대의 새로움과 보편성은 오히려 모더니즘이 거부했던 장식이나 표현석인 형태에서 나타나기도 하고 모더니즘의 연장선상에서 그 당시는 예견하지 못했던 새로운 공법과 기술에 바탕을 두고 있기도 하다. 모더니즘이 등장한 지 이미 100년이 흐른 뒤 설계에서 맥락에 대한 논쟁은 오히려 역전된 구도를 갖기도 한다. 한번 다시 생각해보자. 이미 모더니즘이 도시의 모습을 바꾼 지 반세기가 지났다면 오히려 현재의 맥락을 가장 잘 보여주는 것은 콘크리트와 유리로 이루어진

시트로엥 파크

모더니즘 양식이 아닌가? 스마트폰으로 동영상을 보고 할리우드보다 먼저 서울에서 할리우드 영화가 개봉되는 시대에 새로운 테크놀로지를 반영하는 보편적인 디자인이 전통적인 기와를 활용한 건물보다 더 맥락을 존중하는 것은 아닐까?

오늘날의 조경에서도 맥락을 둘러싼 보편과 특수의 경계는 모호하다. 당시 전 유럽에 유행하던 공원의 보편적인 디자인 양식인 풍경화식 정원을 그대로 수입한 센트럴 파크는 지금 가장 전통적인 미국 조경을 대표하고 있다. 시트로엥 파크의 단순한 기하학은 모더니즘의 보편성으로 해석해야 할지 프랑스식 정원의 기하학적 전통으로 보아야 할지 명확하지 않다. 중국의 현대 조경가 콩지안 유는 중국 전통 조경 양식을 대표하는 항주와 소주의 강남 정원 양식을 부정한다. 하지만 그는 역설적으로 보편적 가치에 근거한 자신의 작품이 오히려 중국의 농민들이 경관을 대해온 전통적인 태도에 더 가깝다고 말한다. 맥락을 존중하고 무시하는 두 가지 상반된 태도는 흑과 백을 선택해야 하는 문제는 아니다. 새로움과 보편성을 추구하되 맥락을 존중할 수도 있고, 때에 따라서는 맥락을 무시하는 것이 새로운 디자인의 원천이 되기도 한다.

맥락 무시하기

실제로 조경 설계에서 맥락을 무시하는 것이 오히려 좋은 전략이 될 때가 많다. 다음은 2011년 시안 정원 박람회Xian Garden Show에 출품된 작품이다. "빅 딕Big Dig", 즉 '큰 구멍'이라는 제목이 붙은 이 정원에는 이름 그대

시안 정원 박람회에 출품된 TOPOTEK 1의 "빅 딕(Big Dig)"

로 덩그러니 거대한 구멍이 하나 있다. 이 작품은 작가가 어린 시절 장난을 칠 때 자주 들었던 부모님의 경고에서부터 출발한다. "너 그렇게 계속 땅을 파다보면 중국까지 간다."[8] 작가는 정말 중국까지 땅을 파면 어떨까 라는 장난 같은 상상을 실현해보고 싶었다고 한다. 작품 설명서에는 이 구멍이 아르헨티나, 미국, 스웨덴, 독일의 다른 구멍과 연결이 되어있다고 기재되어 있다. 물론 어린아이가 아니고서는 이 사실을 믿을 사람은 없겠지만, 끝이 안 보이는 이 구멍을 보고 있으면 정말 지구의 반대편과 연결이 되어있을 수 있겠다는 황당한 생각이 들기도 한다. 이런 생각을 하고 있을 때 갑자기 구멍에서 아르헨티나 초원의 소 울음소리가 들려오고 잠시 후 뉴욕의 택시 경적이 들려오기도 한다. 이 작품을 즐기기 위해서는 맥락 따위는 무시해야 한다. 맥락에 집착하는 이들은 이 발칙한 상상력을 이해할 여지가 남아있지 않을 것이다.

플라자 델 토리코Plaza del Torico는 스페인의 테루엘Teruel이라는 작은 도시

의 광장 리노베이션 프로젝트다. 중세 아라곤 왕국의 흔적을 그대로 간

직한 테루엘은 구도심 전체가 유네스코 세계문화유산으로 지정될 정도

로 역사적인 도시다. 디자인은 바닥 포장 교체를 최소화하는 방향으로

규격화된 LED 조명의 배치를 정하는 방식으로 이루어졌다. 여기서 디자

이너가 고려한 사항은 LED 조명과 시공 기술적인 배치밖에는 없다. 새롭

게 도입된 LED라는 첨단 소재는 오랫동안 광장의 표면을 구성해왔던 석

재 포장의 부분이 되어 기존 도시의 경관에 맞서지 않으면서도 새로운

활력을 불어넣는다. 이렇게 과거의 이미지가 지배적인 도시의 맥락을 다

플라자 델 토리코

켄 스미스(Ken Smith)의 뉴욕현대미술관 옥상정원

룰 때 디자이너는 오히려 이 맥락을 무시함으로써 좋은 설계의 실마리를 찾을 수 있다. 만일 디자이너가 이 공간의 역사적인 의미를 최대한 반영하려고만 했다면 디자인은 압도적인 도시의 맥락 속에 매몰되어 버렸을지도 모른다.

　뉴욕현대미술관MOMA의 옥상정원은 디자인의 의도 자체가 맥락을 무시하는 것이었다. 이 작품의 설계 개념은 위장camouflage이다.[9] 위장은 가짜를 의미한다. 아예 정원의 형태도 위장을 위해 디자인된 군복의 패턴을 그대로 차용했으며 나무도, 돌도, 물도 모두 플라스틱으로 만들어진 가짜다. 이 옥상정원은 실제로 사람의 출입이 통제된, 그야말로 주변의 맥락과 완전히 단절된 공간에 만들어져야 했다. 어차피 맥락을 반영하려고 해도 이러한 조건에서 그 모든 노력은 위선이 될 수밖에 없다. 그럴 바에는 철저하게 장소가 지니는 고유한 특징이나 맥락을 가리고 그 위에 허구의 경관을 만들겠다는 것이 작가의 전략이었다. 가상의 자연을 만들겠다는 위선적인 옥상정원에, 자연조차도 인공적으로 만들어진 이중의 위선. 이 정원을 즐길 수 있는 이용객은 주변의 고층건물에서 이 정원을 바라볼 수 있는 사람들뿐이다. 그리고 선명한 가짜 자연은 관음적인 시선을 가질 수밖에 없는 유일한 정원의 이용자들에게 가장 최선의 시각적 효과를 준다. 오히려 맥락을 철저하게 무시한 설계가 역설적으로 가장 효과적으로 맥락을 반영하게 된 셈이다.

　뉴욕 맨해튼의 남쪽에 위치한 거버너스 아일랜드^{Governors Island}를 설계하면서 디자이너는 전혀 맥락과 관련 없는 개념과 프로그램을 제시한다. "우리는 파라다이스에 대한 동시대의 환영을 만들어내는 것이 필요하다고 믿는다. 자연의 실낙원에 대한 환상, 인공적 세계의 원초적 경관, 세계적인 공원 거버너스 아일랜드는 바로 이러한 장소다."[10] 얼핏 들으면 놀이공원을 만든다는 말처럼 들린다. 이런 제 세 위해 디자이너는 회전 언덕, 얼음 바위, 바벨탑, 케이블카 등의 프로그램을 도입하여 놀이공원 같은 공원을 만들고자 한다. 심지어 유원지 프로그램은 전혀 지형이 없는 평지에 인공적으로 만들어진 산 속에 배치된다. 더 놀라운 것은 공원 대상지가 영불전쟁과 독립전쟁에서 중요한 역사적 의미를 지니는 국가 기념물이라는 사실이다. 디자이너는 의도적으로 역사적인 맥락을 무시하

West 8이 설계한 거버너스 아일랜드 프로그램과 마스터플랜

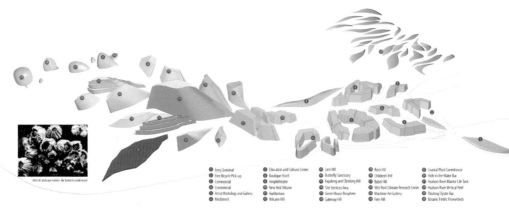

1 Ferry Terminal	7 Education and Cultural Center	14 Lace Hill	20 Rock Hill	26 Coastal Plant Greenhouse
2 Free Bicycle Pick-up	8 Boutique Hotel	15 Butterfly Sanctuary	21 Children's Hill	27 Hudson River Marine Life Tank
3 Commercial	9 Amphitheatre	16 Kayaking and Climbing Hill	22 Babel Hill	28 Hudson River Vertical Reef
4 Commercial	10 New York Tribune	17 Site Services Area	23 Wet Rock Climate Research Center	29 Floating Oyster Bar
5 Artist Workshop and Gallery	11 Auditorium	18 Green House Biosphere	24 Maritime Art Gallery	30 Botanic Fields: Flowerbeds
6 Mediatech	12 Volcano Hill	19 Gateway Hill	25 Fern Hill	

고 환상에 가까운 공원을 만들고자 했다. 그는 이처럼 맥락에서 완벽하게 벗어난 듯한 이 공원이 역설적으로 뉴욕의 맥락에 가장 잘 부합한다고 주장한다. 왜냐하면 맨해튼이라는 도시 자체가 전혀 맥락이 없는 도시이기 때문이다. 이 도시는 그리드라는 틀 안에서 그 어떠한 것도 가능한 무한한 자유를 지닌 장소다. 센트럴 파크라는 도시의 거대한 자연조차도 기존의 자연환경과는 전혀 무관한 환상이다. 그러한 의미에서 맥락 없음이 바로 맨해튼의 맥락이다. 이 주장이 설득력이 있었는지 아니면 디자인이 압도적으로 훌륭했는지는 모르겠지만 이 제안은 당선작으로 선정되었고 최근 첫 구간이 완공되어 시민들의 사랑을 받고 있다.

맥락의 의미

실계에서 절대적 가치는 없다고 보아도 무방하다. 맥락도 마찬가지다. 설계에서 맥락은 절대적으로 존중하고 반영해야 하는 대상은 아니다. 받아들여야 할 때도 있고 무시해야 할 상황도 있다. 혹은 받아들이면서도 무시하거나 무시하면서도 받아들여야 할 때도 있다. 아직 설계를 배워나가는 학생들에게는 산만큼 설계의 맥락을 빈번히 무시해보기를 권한다. 맥락은 설계자가 기대어가야 할 의미의 총체이기도 하지만 반대로 선입견이기도 하다. 내가 지금 서 있는 모든 전제를 버릴 수 있을 때 비로소 선입견에서 벗어나 새로운 생각을 할 수 있다.

디자이너는 맥락을 존중해야 한다는 오래된 가치를 전면적으로 부정할 필요는 없다. 하지만 맥락에서 벗어나 설계를 해 본 경험이 없을 때 맥락에 대한 강요는 매우 위험하다는 사실 역시 잊어서는 안 된다. 자칫 맥락이 사고의 한계를 좁히는 독이 될 수도 있기 때문이다. 설계를 하는 과정에서 맥락에 끌려 다녀서는 안 된다. 맥락은 설계가 기댈 수 있는 하나의 대상이자 가치이지 전부가 아니다. 좋은 디자이너는 맥락을 활용할 줄 아는 사람이지 맥락에 집착하는 사람은 아니다.

1   1960년대 국제수의의 양상에 대해서는 다음을 참조. William J. R. Curtis, *Modern Architecture since 1900*, Phaidon, 1996, pp.371~394.

2   앞의 책, pp.567~588.

3   1971년 톰 슈마허(Tom Schumacher)는 맥락주의의 개념을 통해 모더니즘과 기존 도시와의 괴리를 해결하고자 하였으며, 1978년 콜린 로우(Colin Rowe)는 콜라주 시티(Collage City)에서 모더니즘이 이룩한 도시의 구조를 정면으로 비판한다. 1981년 알렉산더 초니스(Alexander Tzonis)가 제시한 비판적 지역주의(Critical Regionalsim)의 개념을 이어받아 1983년 케네스 프램턴(Kenneth Frampton)은 지역성을 모더니즘에 저항할 핵심적인 가치로 제시한다.

4   다음을 참조. Kenneth Frampton, "Toward an Urban Landscape", *Columbia Documents* (4), Columbia University, 1995: Peter Rowe, *Making a Middle Landscape*, MIT Press, 1991.

5   글램 질로크, 노명우 역, 『발터 벤야민과 메트로폴리스』, 효형출판, 2005, pp.191~260.

6   에릭 홉스봄, 정도영·차명수 역, 『혁명의 시대』, 한길사, 1998.

7   르코르뷔지에는 부아쟁 계획(Plan Voisin)을 제시하면서 파리를 소독하기 위해 철저한 외과적 치료법이 필요하며 모든 계획 건설에 앞서 센 강과 몽마르트 사이를 백지 상태로 해야 한다고 주장한다. 이 계획은 매우 자극적이며 광범위한 만응을 유발했다. 이는 시대가 제공하는 모든 새로운 가능성에 기초를 둔, 그야말로 프로메테우스적인 엄청난 도박이었다. 그러나 이 계획이 실행되지 못한 것을 애석해하는 사람은 아무도 없었다. 스태니스라우스 본 무스, 최창길 역, 『르 꼬르뷔제의 생애』, 1990, 기문당, pp.148~149.

8   www.topotek1.de/#/en/projects/chronological/132

9   http://asla.org/2009awards/050.html

10   조경비평 봄, 『봄, 디자인 경쟁시대의 조경』, 도서출판 조경, 2008, p.66.

05

그림
안 그리기

조경가로서의 재능

조경학만큼 그 정체성이 모호한 분야도 없을 것이다. 어느 학교에서는 원예학과, 산림자원학과와 나란히 농대에 소속되어 있기도 하지만 다른 학교에서는 토목공학, 건축공학과 함께 공대의 일원이기도 하다. 학교에 따라서는 미대에 들어가 디자인 계열로 구분되기도 한다. 그런데 설계 수업 첫 시간에 선 긋기 과제가 나가는 순간부터 소속 대학이 어디든 간에 조경 설계만큼은 감이 잡히기 시작한다. 조경학과… 너, 그림 그리는 곳이었구나. 그리고 일 년 정도 학교를 다녀보면 막연했던 감은 더욱 확신으로 변해간다.

제대로 미술학원을 다녀 본 적도, 그렇다고 그림에 재능이 있는 것 같지도 않은 나는 일단 설계에 소질이 없구나. 학점은 형편없지만 설계 시간만큼은 뛰어난 그림 실력으로 스포트라이트를 한 몸에 받는 친구야. 너에게 한국 조경 설계의 미래를 맡기마. 너는 조경가가 되어라. 그림에 소질이 없는 나는 공무원 시험을 보거나 일찌감치 건설사를 준비해야겠다.

그림을 잘 그리면 설계를 할 때 유리한 것은 분명한 사실이다. 특히 조경을 처음 접할 때는 더욱 그러하다. 그런데 사실 설계의 능력과 조경가로서의 재능은 그림을 그리는 능력에 달려있지 않다. 그림을 전혀 그리지 않아도 좋은 설계는 가능하다. 뿐만 아니라 때에 따라서는 그림을 그리지 않아야만 좋은 설계가 가능할 때도 있다.

자연을 설계하다

다음은 미국 요세미티 국립공원의 가장 유명한 절경으로 꼽히는 터널 뷰Tunnel View다. 300만 년 동안 빙하가 거대한 화강석 덩어리로 이루어진 대지에 새겨놓은 흔적인 요세미티 계곡은 자연이 만들어낸 가장 아름다운 작품이다. 물론 이 작품은 인간의 창작품은 아니다. 그러나 한편으로 이 경관은 인간이 만들어낸 결과물이기도 하다.

옴스테드가 센트럴 파크를 설계했다는 것은 누구나 알고 있어도 요세미티 국립공원이 옴스테드의 작품이라는 사실은 잘 알려져 있지 않다. 1864년 미국에서는 세계 최초의 자연공원법인 요세미티 공원 법안이 만들어지고, 당대 최고의 조경가인 옴스테드가 포함된 조사단이 요세미티

요세미티 국립공원의 터널 뷰

에 파견된다. 그리고 그는 요세미티의 자연 경관을 보존하여 공원으로 활용해야 한다고 주장하면서 구체적인 관리 방안과 계획안을 제시한다. 이후 옴스테드는 미국의 많은 자연 경관을 국립공원으로 지정하고 구체적인 계획안을 만드는 데 앞장서게 된다.[1] 미국이 자랑하는 요세미티의 대자연은 옴스테드의 계획이 없었더라면 자칫 광산이나 채석장으로 개발되어 흉물로 남아 있을 수도 있었다. 하지만 옴스테드가 단지 자연을 지키기 위해서 아무것도 하지 못하도록 자연 보호 구역을 설정한 것만은 아니다.

와워나 로드Wawona Raod는 남쪽에서 요세미티 계곡으로 진입할 수 있는 유일한 통로다. 이 길을 따라 오는 사람들은 요세미티 계곡에 들어서기 직전 와워나 로드의 한 지점인 터널 뷰의 장관을 만날 수밖에 없다. 옴스테드는 요세미티를 방문하는 이들이 이 경관을 놓치지 않기를 원했다. 이후 와워나 로드가 자동차 전용도로로 바뀌면서 터널이 생기게 되는데 바로 터널이 끝나는 지점에서 이 장관이 나오도록 도로가 계획된다. 지루하게 장시간 운전을 하다 컴컴한 터널을 빠져나오는 순간 바로 이 대자연이 펼쳐지도록 동선이 만들어진 것이나. 이렇게 옴스테드가 구상한 자연의 경험은 후대에 들어 더욱 극대화 된다. 터널 뷰에서 볼 수 있는 엘캡틴El Captian 봉이나 하프 돔Half Dome 봉, 그리고 브리달베일 폭포Bridalveil Fall는 자연의 힘이 만든 절경이다. 그러나 많은 이들이 이 경관을 즐길 수 있도록 와워나 로드의 동선을 계획하고 터널 뷰라는 전망 지점을 찾아낸 것은 옴스테드의 계획이다. 옴스테드의 계획의 핵심은 자신이 상상한 공

내장산 국립공원의 백양 지구

간의 형태를 그리고 그대로 조성하는 데 있지 않았다. 오히려 자연이 지닌 최고의 아름다움을 발견하고 이를 최대한 많은 이들이 경험할 수 있도록 만드는 데에 있었다.

우리의 곁에서 볼 수 있는 사람의 손이 전혀 닿지 않은 듯한 자연의 풍광도 알고 보면 사람들의 개입을 전제로 한다. 다음은 가장 아름다운 신록으로 유명한 봄의 내장산 국립공원이다. 우리가 흔히 자연自然의 모습이라고 생각했던 모습은 사실 한자의 의미처럼 스스로 그러한 경관은 아니다. 국립공원은 엄연히 공원이다. 요세미티처럼 내장산도 모두 사람들의 출입이 절대적으로 금지된 원시림이 아니라 사람들의 이용이 전제가 되는 자연인 것이다. 지금도 내장산의 자연은 인간의 개입을 조절하면서

관리를 함으로써 유지가 된다. 이러한 경관에서 새로운 그림은 필요가 없
다. 오히려 자연이 스스로 만들어내는 그림을 보호하고 관리할 수 있는
설계가 필요하다. 다음은 섬신강 유역의 모습이다. 자연이 아름답고 생태
적 가치가 있다고 해서 모든 자연을 보존할 수는 없다. 수많은 마을들이
강에 인접해 자리 잡고 있는 200km에 달하는 섬진강 같은 경관은 너욱
그렇다.[2] 자연은 동시에 인간이 오랫동안 살아온, 그리고 앞으로 살아갈
터전이기도 하다. 그렇다고 해서 이 일대에 사람들이 멋대로 개발하고 이
용하게 내버려 둘 수도 없다. 이럴 때 조경에서 설계의 가장 첫 단계는 그
림이 아니라 오히려 그림을 그리지 말아야 할 곳을 찾는 것이다. 그림은
그림을 그리지 않는 법을 제대로 배운 후에야 그릴 수 있다.

그들의 태도

이와 같은 접근 방식이 자연 환경의 계획에만 국한되는 것은 아니다. 구체적인 공간을 다루는 조경 작품에서도 그림을 그리지 않는 설계 방식은 유효하다. 우리나라에서 가장 뛰어난 조경 작품은 무엇일까? 개인에 따라 의견이 달라질 수 있겠지만, 소쇄원과 창덕궁 후원은 반드시 순위권 안에 들어갈 것이다. 그런데 이 작품들을 경험하면 굳이 도면이 필요 없었으리라는 생각이 든다. 아니, 오히려 섣불리 그림을 그리지 않아야 이러한 작품들이 가능하다는 확신을 갖게 된다.

소쇄원 광풍각

소쇄원을 찾아가면 오랫동안 자생해온 대나무 숲이 방문객을 맞이한다. 소쇄원의 골격을 이루는 계류 역시 정원이 만들어지기 이전부터 흐르던 장원봉의 계류다. 광풍각 아래의 폭포 역시 계곡과 함께 오래전부터 그곳에 있어왔고 주변의 나무들 역시 오래된 자연의 일부다. 소쇄원의 주인이 이 정원을 만들 때 인위적으로 한 일이라고는 몇 개의 정자와 정사^{精舍}를 짓고 화계와 담장을 쌓은 것밖에는 없다. 그마저도 담장 아래 뚫린 오곡문^{伍曲門}을 보면 자연 그대로의 계류의 흐름을 건드리지 않기 위해 인위적인 개입을 최소화했다는 사실을 알 수 있다. 소쇄원에 대해 허균은 다

소쇄원 광풍각의 차경

음과 같이 말한다.

"소쇄원의 주인은 당초 이곳을 거처로 잡고 정원을 꾸밀 때 주변 일대의 계류와 폭포와 바위와 나무를 감상의 대상에 포함시켰으며, 무등산 영봉까지도 감상의 대상에 넣었던 것이다. 이렇듯 소쇄원은 특별히 조성한 것이라기보다 대자연의 일부를 정원으로 탈바꿈시킨 것이라고 할 수 있다."[3]

이처럼 인간의 인위적인 개입을 최소화하고 자연을 그대로 받아들이고자 했던 공간 조영의 방식은 선비의 정원뿐만 아니라 왕의 정원에서도 나타난다. 또 다른 한국의 명원인 창덕궁 후원은 군주의 권위와 위용을 자랑하려는 다른 나라의 왕의 정원과는 전혀 다르다. 6만 평에 달하는 전체 정원의 면적 중에서 인공적으로 조성된 공간은 매우 적다. 특히 건물이 점유하는 면적은 전체의 1퍼센트 정도 밖에는 되지 않는다.[4] 그마저도 후원의 건물들과 그에 딸린 인공적인 화계나 방지들은 자연을 압도하려 들지 않는다. 오히려 자연의 일부인 듯 숲과 언덕 사이에 자리 잡고 있다. 후원의 주인은 예전부터 그 자리에 있던 자연이다. 인위적인 공간들은 자연을 즐기기 위한 최소의 장치일 뿐이다.

외국의 정형적 정원에 익숙한 이들에게 한국 정원의 조영 방식은 의아할 수도 있다. 도대체 어떻게 아무것도 하지 않는 것이 설계가 될 수 있는가? 말이 좋아 자연의 순응이지 결국 설계를 안했다는 말이지 않은가? 하지만 그렇지 않다. 한국 정원에는 명확한 설계의 원리가 있다. "비록 사람이 만들었으되 하늘이 스스로 만든 곳처럼 보이게 한다."[5] 중국의 조경

서 『원야_{園冶}』에 나오는 구절이다. 이는 한국에 국한되는 것이 아니라 중국과 일본의 정원에도 공통적으로 적용되는 원리다. 그러나 이 공통된 설계 원리에 대한 해석은 나라마다 달랐다. 중국은 인공적으로 쌓은 석가산石假山과 태호석太湖石이 하늘이 만든 신에 가장 가까운 모방으로 생각했으며, 일본에서는 물과 모래, 암석을 마치 한 폭의 그림처럼 배치하여 자연의 모습을 연출했다. 반면 한국의 정원은 인간의 개입을 최소화하고 자연을 그대로 받아들이는 방식으로 자연을 즐기고자 했다. 물론 어떠한 양식이 더 우월한지를 가리는 일은 무의미하다. 저마다의 취향과 선호는 개인에 따라, 그리고 문화에 따라 다를 수 있기 때문이다. 그러나 과연 어

창덕궁 후원 소요정

떠한 설계 방식이 하늘이 스스로 만든 곳처럼 보여야 한다는 그 원리를 가장 잘 구현했을까? 그리고 어떠한 공간이 가장 우리에게 편안하게 다가오는가?

재료의 힘

현대 조경 작품을 떠올리면 우선 세련된 형태와 화려한 그래픽이 떠오른다. 하지만 이러한 현대 조경의 이미지는 대부분 학생들이 그림을 그리는 과정에서 작가들의 작품과 설계 방식이 아니라 그림만을 참고하기 때문에 만들어지는 경우가 많다. 많은 현대의 작가들은 오히려 그림보다 그

너머에 있는 실재적인 잠재성에 초점을 맞추는 경우가 많다.

　다음은 마이클 반 발켄버그Micheal Van Valkenburg의 1988년 작품인 래드클리프 아이스 월Radcliffe Ice Walls이다. 조경가는 얼음의 경험과 생태를 예술적으로 표현해 달라는 요청을 받고 하버드 대학교의 한 야외 공간에 길이 15m, 높이 2.1m의 금속 철망으로 이루어진 세 개의 벽을 세운다. 이 벽의 윗부분에는 가느다란 관수 파이프가 설치되어 물이 조금씩 흐르게 된다. 추운 겨울 표면을 따라 흐르는 물은 얼어붙어, 이내 철망에는 투명하고 얇은 얼음의 벽이 만들어진다. 이때 작품의 설계를 결정짓는 요소는 벽의 높이나 실이, 형태가 아니다. 물이 얼음이 되어가는 과정, 그리고 그 자연의 과정을 통해 만들어지는 투명한 얼음의 질감과 형태가 이 작품의 핵심이다. 이 때 설계는 조경가가 그림으로 그려낼 수 없는 과정을 담고 있다.

　이후 발켄버그는 설치 예술에 가까운 이 작품의 아이디어를 실제 정원에 도입한다. 1990년의 작품인 칼코우 얼음 정원Karkow Ice Garden에서 조

마이클 반 발켄버그(Micheal Van Valkenburg)의 래드클리프 아이스 월

티어드롭 파크의 아이스 월

경가는 이전 작품에서 사용했던 철망을 정원에 설치한다. 철망은 봄에는 보라색 으아리 꽃으로, 여름에는 푸른색 나팔꽃으로 덮인다. 그리고 가을에 철망은 붉은색 담쟁이 벽이 된다. 그리고 겨울에는 래드클리프와 같은 방식으로 얼음의 벽이 만들어진다. 조경가는 계절마다 각기 다른 덩굴 식물을 사용하여 계절마다 서로 다른 색과 질감의 벽을 만들어내고, 이전까지는 조경의 소재로 사용되지 않았던 얼음이라는 새로운 재료를 도입하여 지금까지는 아무도 느껴보지 못했던 경험을 겨울의 정원에 선사해준다. 이전의 작품과 마찬가지로 이 작품에서 조경가가 그려내는 형태는 아무런 의미가 없다. 식물과 얼음이 만들어낸 변화와 경험이 작품을 만든다.

그림이 없는 설계가 그림으로 만들어진 설계와 만나기도 한다. 발켄버그는 래드클리프와 칼로우에서 선보였던 얼음의 조경을 다시 2006년 뉴욕의 티어드롭 파크Teardrop Park에서 선보인다. 이 공원에는 많은 요소들이 있지만 그중에서도 가장 인상적인 것은 공원을 양분하는 거대한 암석벽이다. 뉴욕의 지질학적 지층을 예술적으로 표현한 이 암석벽은 매우 정교한 방식으로 설계되고 만들어졌다. 그런데 이 암석벽에 붙여진 이름은 스톤 월Stone Wall이 아니라 아이스 월Ice Wall이다. 이름에서 짐작하겠지만 이 벽은 단순히 조형적으로 아름다운 예술품이 아니다. 내부에 물을 표면으로 흘리는 파이프가 숨겨진 이 벽은 겨울에는 돌에서 얼음으로 그 물성을 바꾸어 버리는 마법과도 같은 경관을 연출한다. 봄, 여름, 가을에 이 벽이 보여주는 것은 거친 암석의 켜로 이루어진 조경가의 그림이다. 그러나 겨울이 되면 조경가가 그려낸 형태는 사라지고 얼음의 물성과 그 물성을 통해서 보이는 자연의 과정만이 남게 된다. 겨울의 아이스 월은 조경가의 그림대로 만들어진 작품이 아니다. 물과 얼음이, 그리고 뉴욕의 차가운 겨울이 만들어내는 재료의 예술이다.

식물은 그림 없는 설계의 가능성을 조경에서 가장 잘 보여줄 수 있는 매체다. 네덜란드의 조경가 피에트 우돌프Piet Oudolf는 2010년 베니스 비엔날레에 "성모의 정원Il Giardino Delle Vergini"이라는 작품을 선보였다. 조경가는 비엔날레가 열리는 8월 말부터 11월까지 꿈에서 보이는 풍경처럼 이상적인 정원을 만들기 위해 무너신 농산의 구조는 바꾸시 않고 실을 따라 새로운 꽃과 풀을 심는다. 그런데 대부분의 화려한 꽃들이 봄과 여름에 핀다는 사실을 고려할 때 가을과 겨울은 사실 식물이 가장 화려함을 뽐낼 수 있는 시기가 아니다. 조경가는 그들의 죽음까지도 설계에 염두에 두었다. 이제 죽음을 마주하기 직전의 농익은 화려함, 시들어가는 잎들이 주는 숭고함, 뼈대만 남을 꽃들에 다시 열린 서리의 꽃들…. 다음은 이 설계 작업을 보여주는 조경가의 그림이다. 그러나 이 작품에서 식물들은 이 그림을 공간으로 구현하기 위한 재료가 아니다. 정원이 완성된 후 아무도 이 그림을 볼 수는 없다. 왜냐하면 이 그림은 식재 위치를 표시하기 위한 역할을 할 뿐 이 작품이 보여주려는 가치는 꽃과 풀들이 보여주는 색, 질감, 향기, 느낌 그리고 이 모든 것을 통해 마지막 순간에 나타나는 찬란한 생명력의 아름다움이기 때문이다.

요세미티 계획안을 제시한 옴스테드나 우리의 선조들은 자연의 가치를 발견하여 최대한 수용하려고 했지만 현대의 조경가들은 여기에서 한 발 더 나아간다. 그들의 자연은 눈에 보이지 않는다. 그러나 눈에 보이지 않는다고 존재하지 않는 것은 아니다. 발켄버그의 얼음의 벽도 우돌프의

피에트 우돌프(Piet Oudolf)의 "성모의 정원" 배식도

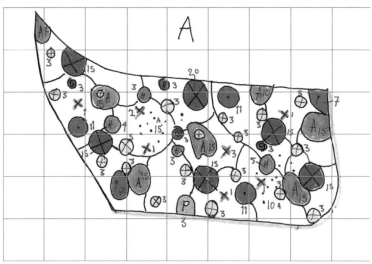

서리꽃도 그들이 그린 그림을 그대로 구현한 것이 아니다. 이는 아직 도래하지 않은 잠재성이다. 잠재성의 설계는 그림만으로 이루어지지 않는다. 왜냐하면 잠재성의 설계는 창조직인 구현의 과정이 아니라 창조석인 발견의 과정이기 때문이다.

발견의 능력

그림을 잘 그리는 재능. 설계를 하는 이들에게는 매우 고마운 선물이다. 그러나 이 재능은 동시에 덫이기도 하다. 그림을 그린다는 것. 이는 무엇인가를 새롭게 창조하며, 바꾸고, 채워나가는 능력이다. 그런데 조경은 다른 예술과는 달리 생명을 다루는 예술이라는 점을 잊어서는 안 된다. 조경가가 인위적으로 애쓰지 않아도 생명은 그 스스로가 창조하며, 바뀌고, 채워진다. 이 사실을 망각하고 자신의 그림으로 모든 것을 이루려고 할 때 공간은 과잉이 되거나 폐허가 된다. 겨울의 삭막함을 견디지 못하고 새로운 그림으로 억지로 채워 넣는 순간 봄의 아련함과 여름의 생명력, 가을의 풍요는 사려져 버릴지도 모른다. 기분 나쁜 습지를 메우고 볼

품없는 덤불을 없애 화려한 풍경을 연출하는 순간 늘 들려오던 새소리와 풀벌레 소리가 사라진 황량한 자연이 된다. 실제로 수많은 공간에 내재된 아름다움과 가치가 재능 있는 자의 그림 때문에 사라지고 볼품없이 변모한 예는 수도 없이 많다.

조경가에게 가장 중요한 재능은 창조의 능력이 아니다. 그것은 발견의 능력이다. 비어있음이 채워짐으로 바뀔 수 있다는 진리를 발견하는 능력, 지금은 죽은 듯 얼어붙은 땅에서 찬란하게 피어날 생명을 알아채는 능력, 아무렇게나 쌓여있는 돌무더기에서 가장 감동적인 이야기를 이끌어낼 수 있는 능력. 감히 말하건대, 그림을 그리지 않는 설계야 말로 가장 고차원적인 설계이며 예술로서 조경의 정점이다.

1 ——— Victoria P. Ranney, "Fredirck Law Olmsted, Yosemite Pioneer", *Places* 6(3), 1990, p.61.

2 ——— 서울시립대학교 환경생태계획연구실에서 수행한 『곡성군 환경생태조사 및 자연 자원화 방안 연구』(2011)를 참조하였다.

3 ——— 허균, 『한국의 정원, 선비가 거닐던 세계』, 다른세상, 2005, p.20.

4 ——— 앞의 책, p.24

06

그림만
그리기(1)

설계의 정의

김 군: 설계의 목적은 그림을 그리는 데 있지 않다고. 설계는 "특정한 대상의 형태와 기능을 결정하는 행위"라고 난 생각해. 이 때 특정한 대상은 반드시 건물이나 정원 같은 공간에만 국한되지는 않지. 옷도, 가구도, 일상용품도 설계의 대상이고, 요즈음에는 심지어 감정이나 행위도 설계의 대상이 되었잖아. 그래서 설계를 할 때 우리는 대상의 형태와 기능을 결정하기 위해 다양한 요소를 생각해야 하는 거라고. 크기, 색, 질감, 위치와 같은 물리적 성질뿐만 아니라 대상의 목적, 의미, 만드는 과정, 심지어 변화까지도 디자이너가 고려해야 할 설계의 요소지.

박 군: 하지만 일반적으로 글로 쓰거나 말로 떠든 계획을 설계라고 하지는 않잖아. 설계 과정상의 모든 생각과 결정은 그림을 통해서 구현되지. 그래, 설계의 사전적 의미를 찾아보자고. 설계라는 행위는 기능과 형태의 구체적인 그림을 만듦으로써 이루어진다는 전제가 붙어 있네. "설계는 특정한 대상을 만들기 전에 구체적인 그림을 통해 그 형태와 기능을 결정하는 행위다."[1] 쓸데없는 모든 수식어를 빼고 나면 설계는 본질적으로는 그림을 그리는 행위가 되는 거라고. 실제는 결국 그림 그리기야.

두 가지 그림

그동안의 설계 경험을 떠올려 보면 대부분의 시간을 그림만 그리는 데 쏟았다는 것을 깨닫게 된다. 실제 공간을 직접 대면할 때라고는 고작 대상지 답사를 간다든가, 현장 실습 시간에 먼발치에서 콘크리트가 부어지는 모습을 바라본다든가, 모종삽으로 꽃 몇 포기를 심어본 기억밖에는 없을 것이다. 심지어 졸업을 하고 회사에 취직하더라도 설계의 경험은 그림이라는 매체 밖으로 나가기가 힘들다. 정원을 전문적으로 다루거나 시공을 겸하는 회사가 아니라면, 업무상으로도, 계약상으로도 설계의 모든 최종 결과물은 공간이 아닌 그림이 된다.

누군가는 공간을 만들면서 그림만 그려야 하는 설계의 현실에 괴리감을 느낄지 몰라도 이는 전혀 비정상적인 일이 아니다. 근대적인 의미의 디자이너라는 직업이 생기면서 공간을 창조하는 작업도 분업화된다.[2] 이제 설계가의 업무는 나무를 심고 석재 포장을 까는 일이 아니라, 어디에 나무를 심고 어떠한 모양으로 석재 포장을 깔아야 하는지를 알려주는 그림을 그리는 일이 되었다. 오늘날의 설계가는 구상에서부터 제작까지의 전 과정을 수행했던 중세시대의 대석공Master Mason이나 조선시대의 대목장과는 다르다. 설계가가 다루는 매체는 그림이다. 하지만 이 그림은 보통 사람들이 알고 있는 그림과는 전혀 다른 방식으로 그려진다.

예술가도 설계가도 모두 그림을 그린다. 하지만 이 중 설계가만이 전문적인 기술자로 인정받는 이유는 설계가의 그림이 작가의 개인적인 표현의 결과물이라기보다는 전문적인 정보를 전달하기 위한 기술적 매체이기 때문이다.[3] 우리는 이를 도면이라고 부른다. 도면은 정확하게 따라야 할 규칙이 있다. 전문적인 기술자로서 설계가는 이 규칙을 숙지하고 지켜야 한다. 이러한 이유로 모든 건축학과와 조경학과 학생들은 저학년 때 도학과 제도라는 수업을 들어야 하고 평생을 이 때 배운 언어를 반복해서 구사한다. 그런데 공학도들 역시 제도 수업을 통해 동일한 도학의 원칙을 배우며 그들의 실습 과목 역시 설계라는 이름으로 불린다. 이는 설계가 따라야 할 그림의 규칙이 예술가들이 익히는 표현 기법보다는 공학자들이 요구하는 정보의 체계에 가깝다는 사실을 단적으로 보여준다.

하지만 공학자의 도면과는 달리 디자이너의 도면은 기술적 정보의 전달을 넘어 대상의 미적 아름다움과 작가가 생각하는 의미까지도 반영할 수 있어야 한다. 이 지점에서 대부분의 학생들이 빠지는 함정이 있다. 바로 실계의 매체에 대한 잘못된 이해다. 설계의 그림은 기본적으로 정보의 가치를 지니면서 예술적인 표현이어야 한다. 그런데 많은 학생들의 그림은 이도 저도 아닌 경우가 대부분이다. 도면의 형식을 취하지만 전달하

캐노피 설계 도면

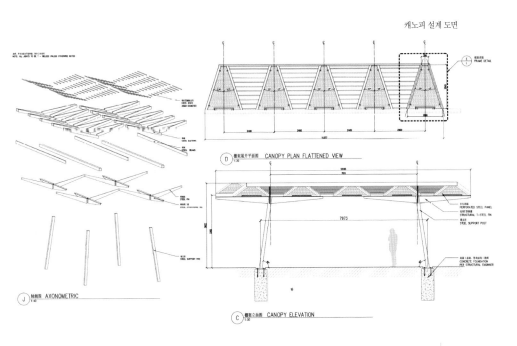

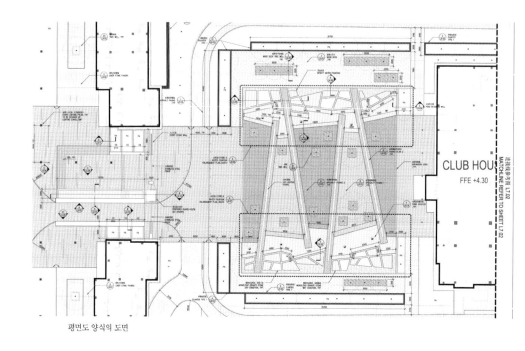

평면도 양식의 도면

는 정보는 오류투성이인 그림, 그렇다고 대상의 아름다움도 본인의 생각
도 드러내지 못하는 그림. 다시 말하지만 설계는 그림을 그리는 행위다.
때문에 설계의 그림을 제대로 이해하지 못했다는 것은 잘못된 설계를 하
고 있다는 말과 같다. 설계의 매체에 대한 이야기는 곧 설계의 본질에 대
한 이야기이기도 하다.

도면의 논리

가장 기본적인, 그러나 의외로 그 누구도 제대로 알지 못하는 이야기부
터 시작해 보자. 도면을 구성하는 그림들은 무엇인가? 건축학과나 소경
학과 2학년 정도가 되면 누구나 이 질문에 쉽게 답을 한다. 평면도, 입면

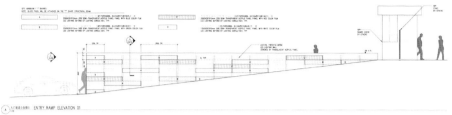

입면도 양식의 도면

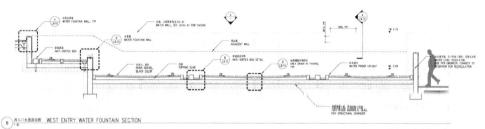

단면도 양식의 도면

도, 단면도, 이 셋이 가장 기본적인 도면의 형식이다. 그런데 이 부분에서 한 가지 의문점이 생긴다. 현실의 공간도, 설계가들이 구현하고자 하는 공간도 삼차원이다. 그런데 왜 도면의 기본은 삼차원적인 형태를 보여주는 그림이 아니라 이차원적인 정보만을 보여주는 평면도, 입면도, 단면도일까? 물론 이차원적인 그림이 더 그리기 쉽겠지만, 고도로 복잡한 공학적 지식을 요구하는 교량도, 마천루도 심지어 우주선의 설계 역시 평면도, 입면도, 단면도로 그려진 이유가 단순히 설계가들이 그리기 쉬워서였다면 수긍하기가 힘들다.

고대 그리스어로 인위적인 것은 노모스Nomos라고 부른다. 노모스는 인간의 정신문화 전체를 포괄하는 개념이다. 노모스의 반대말인 피지스

Physis는 인간 문명과 대립되는 자연을 뜻한다. 문명이 발생한 이래로 인간은 자연 상태의 피지스를 노모스의 세계로 편입시키기 위해 끊임없이 노력해왔다. 설계는 단순한 자연의 변형을 넘어서 건축물과 같이 자연에 존재하지 않는 노모스의 공간을 창조하게 되면서 시작된다. 이를 위해 인간은 기하학이라는 사고 체계를 발명했다. 모든 문명을 막론하고 기하학은 건설, 치수, 천문, 경작 등 공간을 다루기 위한 모든 분야의 기반이 되는 지식이었다. 그래서 설계를 지배하는 사고의 체계, 그리고 설계 매체인 도면의 특수한 형식을 이해하려면 기하학의 사고를 이해해야 한다.

우리가 고등학교 때까지 배운 고전적인 기하학을 유클리드 기하학이라고 부른다. 기하학이라고 해서 어렵게 생각할 필요는 없다. 유아용 책을 보면 모든 사물들을 네모, 세모, 동그라미로 환원시킨다. 책은 네모, 수박 조각은 세모, 공은 동그라미. 이것이 기하학의 시작이다. 초등학교에 들어가면 이제 세모를 세 선분과 꼭짓점으로 이루어진 삼각형이라고 정의하고, 중학교에서는 초등학교 때 다시 정의내린 도형들을 좌표 체계에 위치시키는 방법을 배운다. 기하학은 점점 복잡해져 고등학교에서는 모든 도형이 방정식으로 표현될 수 있다는 놀라운 사실을 배운다. 그런데 우리가 그동안 배워온 지식을 살펴보면 현실의 사물은 삼차원의 형태이지만 이를 파악하는 수학적 사고는 이차원의 세계를 벗어나지 못하고 있었다는 사실을 깨닫게 된다.

유클리드 기하학의 세계에서 특정한 차원의 대상을 다루려면 한 단계 높은 차원이 필요하다.[4] 일차원에 해당하는 세상의 모든 점과 선을 파악하기 위해서는 반드시 이차원의 좌표계를 설정해야 한다. 마찬가지로 이차원에 해당하는 면의 성질을 파악하려면 표면 외부의 삼차원의 공간에서 접근해야 한다.[5] 역으로 말하면 특정한 차원에서 다룰 수 있는 매체는 결국 그 차원보다 한 단계 낮을 수밖에 없다는 말이 된다. 이는 이론적으로 우리가 사는 현실인 삼차원에서 완벽하게 사용할 수 있는 매체는 이차원에 국한된다는 것을 의미한다. 이제 왜 우리가 배워온 수학에서 삼차원을 다룰 때도 공간을 X축과 Y축, Y축과 Z축, Z축과 X축의 세 개의 이차원적인 평면으로 환원해야 했는지 어렴풋이 깨닫게 된다. 그리고 이와 같은 공간에 대한 인간 사유의 논리는 삼차원을 구현하기 위한 목적의 도면이 왜 이차원으로 표현된 평면도, 입면도, 단면도로 구성되어 왔는지도 설명해준다.[6]

인간이 직관적으로 인지할 수 있는 물리적 세계의 한계가 삼차원이며 이마저도 이차원으로 환원시켜 파악하는 이유가 인간 사유의 내재적인 형식 때문인지 아니면 후천적으로 형성된 문화적 산물인지에 대한 인식론적 논쟁은 끝내 결론이 나지 않았다. 그러나 분명한 사실은 인간은 기하학적 사고에 근거하여 피지스의 공간을 노모스의 공간으로 파악하고 다루어 왔으며, 기하학은 연속적인 자연의 흐름과 속성을 추상적인 단면으로 환원시키는 방식의 사유라는 점이다. 도면은 바로 이러한 사유 체계의 시각화된 표현 방식이다.

환원적 방식을 통해 우리는 예측 불가능한 피지스의 공간을 통제하고 새로운 노모스의 공간을 구축할 수 있게 되었지만 이 과정에서 필연적으로, 변화, 감성, 맥락, 강도, 질감 등 물리적 연장extension과는 관계없는 수많은 질적 속성이 소거될 수밖에 없었다. 그런데 환원의 과정에서 사라져버린 속성이 공간의 예술성을 발현시키는 요소라는 데 문제가 있다. 설계가의 과제는 결국 물리적 연장으로서의 공간을 구축하면서 환원의 과정에서 소거된 속성을 재해석을 통해 다시 구현하는 일이다. 그리고 설계의 궁극적인 매체인 그림은 이 두 가지 과제를 함께 수행할 수 있는 도구여야 한다. 도면은 대상을 서로 다른 차원으로 치환해주면서 부대된 질적 속성을 새롭게 각성시켜주는 시각적 다양체manifold다. 이러한 관점에서 도면을, 그리고 설계라는 행위를 이해할 때 우리는 새로운 가능성을 찾아낼 수 있다.

평면도는 체계다

평면도는 우리에게 가장 친숙한 도면 양식이다. 도학을 몰라도 현대인들은 공인중개사 사무실, 지하철 안내판, 내비게이션에서 평면도를 읽는 데 어려움을 겪지 않는다. 일상에서 익숙한 만큼 평면도는 설계를 할 때도 가장 만만한 그림이다. 1학년 학생들도, 경력이 30년이 넘은 소장님들도 대부분 평면도의 형태로 구체적인 공간의 설계를 시작한다. 역사적인 기록을 보아도 평면도는 가장 중요한 도면의 양식이었다. 종이가 발명되기 이전, 거의 금값과 맞먹는 양피지에 도면을 그릴 수 없었던 중세의 장인들은 일단 바닥에 평면도를 그리고 머릿속에서 대성당의 전체적인 구조와 형태를 구상했다고 기록되어 있다.[7]

평면도는 모든 도면들의 노모스다. 수학적 공간을 따지면 정면도, 측면도, 단면도, 평면도는 모두 동일한 위계의 이차원 평면이다. 그러나 물리적 공간으로 보면 평면이라고 모두 같은 평면이 아니다. 물리적 공간의 위상이 다르듯이 도면들은 그려진 양식에 따라 저마다 담당하는 역할이 다르다. 평면도는 공간을 만드는 기본적 토대가 되는 지면에 대한 정보의 체계이기 때문에 모든 도면을 지배하는 규칙을 제공해주는 메타적인 도면으로서 기능한다. 평면도의 가장 중요한 역할은 대상지 위에 공간적 요소의 위치와 관계를 정의해주는 일이다. 평면도만이 모든 도면들 중 설계의 전체적인 일관된 구도를 보여준다. 평면도 외의 모든 도면 양식은 전체의 파편이며 전체를 구성하기 위한 보조적인 역할을 수행할 뿐이다. 이러한 이유 때문에 평면도는 다른 도면 이전에 가장 먼저 그려지며 도면

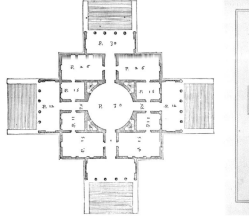

16세기 르네상스 빌라의 평면도
(Andrea Palladio, Villa La Rotonda)

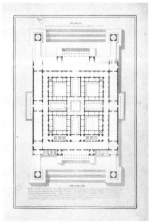

18세기 보자르 건축 양식의 평면도
(Guy de Gisors, Museum)

집의 앞부분을 차지한다.

평면도가 정한 구성의 원칙에 따라야 하는 다른 도면들과 달리 아무런 제약도 없는 백지 상태에서 시작되는 평면도는 자유롭다고 생각할 수 있다. 그러나 평면도 역시 보이지 않는 강력한 규칙의 지배를 받는다. 좌표 체계가 그 대표적인 상위의 규칙이다. 캐드를 사용할 줄 안다면, 아무 것도 없는 화면이 실상은 그리드의 체계이며 어느 점을 지정하든 좌표가 설정된다는 사실을 알고 있을 것이다. 평면도에는 문화적인 규칙도 존재한다. 오늘날의 설계가들처럼 과거의 건축가나 조경가들은 자유롭게 평면을 구성할 수 없었다. 따라할 공간의 비율과 구성의 원칙이 이미 존재하고 있었으며 평민상의 자유로운 변주는 극히 제한되었다. 한옥의 평면 구성 단위는 칸으로 이루어지며 한 칸은 어느 이상의 범위를 벗어나지 못한다. 근대에 접어든 18세기 서양의 건축 평면도를 보아도 설계가 이용자들의 편의를 고려했다기보다는 관습처럼 내려져온 구성 원칙에 따라 만들어진 공간에 억지로 프로그램을 넣는 방식으로 이루어졌음을 안 수 있다.[8] 건축에서 평면이 자유롭게 된 것은 20세기 초나 되어야 가능해진다.[9]

조경의 평면도 역시 건축처럼 자유롭지 못했다. 바로크 정원을 보면 이러한 사실이 분명히 드러난다. 파테르라는 단위로 분할된 기하학적인 평면의 구성. 평면도의 규칙은 그대로 공간의 규칙이 되며, 이는 바로크 정원이라는 양식으로 규정된다. 하지만 조경의 평면은 건축의 평면보다는 일찍 제약들로부터 해방된다. 그 시점이 바로 영국식 정원이 탄생하게

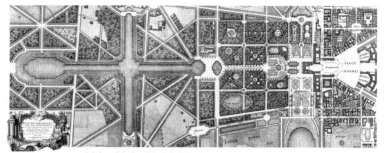

18세기에 그려진 베르사유 정원 평면도(Jean Delagrive, Plan de Versailles, du petit parc)

18세기 영국식 정원 평면도(Richard Muque, Des Jarden Framcaos et Champetre du Petit)

되는 18세기다. 아직 건축의 평면도가 팔라디오가 제시한 구성의 원칙을 엄격히 따라야 했을 무렵 그려진 케이퍼빌리티 브라운^{Capability Brown}의 공원 평면도를 보면 자유로운 곡선이 평면을 매끄럽게 가로질러 나간다. 영국식 정원의 평면도는 이전까지의 모든 공간의 평면의 제약을 뛰어넘는 혁명적인 구성 방식을 제시했다. 물론 이후 이러한 구성도 하나의 양식으로 고착되어 200년간 조경의 평면을 지배하게 되지만 말이다.

평면 너머의 평면

하지만 선이 자유로워졌다고 도면이 환원적인 사유의 매체라는 사실은 변하지 않는다. 공간을 구성하는 기호의 체계인 평면도는 특히나 환원적인 성격이 강하다. 그럼에도 불구하고 설계가들은 평면도를 단순한 규범적 지시의 매체가 아니라 대상과 의도를 구현할 매체로 발전시키고자 노력해왔다.

오피스박김이 선세한 광교신도시 공원의 평면도는 어느 공모전의 도판에 등장하는 평면도와는 다르다. 우선 가장 눈에 띄는 것은 강렬한 보라색으로 표현된 산이다. 오피스박김은 산이 녹색이어야 한다는 것은 일종의 선입견이라고 생각한다.[10] 겨울의 산은 검은색 혹은 흰색이며, 가을의 산은 화려한 적색과 황색의 향연이다. 심지어 같은 녹색이라 할지라도 때에 따라서는 푸른색에 가까워 보이기도 하고 주황색처럼 보이기도 한다. 그러나 설계가가 평면도를 온통 보라색으로 물들인 이유가 현상학적으로 산의 색이 보라색일지도 모른다는 가정 때문만은 아니다. 색은 작가의 설계 전략을 표현하기 위한 장치다. 산은 한국인에게 가장 중요한 경관이었다. 그러나 현대에 들어서 산은 단순한 녹화의 대상으로 전락해 버렸다. 녹색의 산은 잘사는 나라의 상징이었으며 우리가 어느 정도 잘살 게 된 이후에는 생태라는 가치로 매몰되어 버렸다. 그러나 산이 지닌 의 미는 그렇게 단순하지 않다. 산은 자연이기도 하지만 우리의 예술, 정서,

오피스박김이 디자인한 광교신도시 공원의 평면도

문화, 가치관을 담는 용기이기도 하다. 그리고 설계를 통해서 산은 또 다른 의미를 갖게 된다. 그래서 이 산은 특별해야 한다. 이런 의미에서 보라색은 혁명의 색이기도 하다.

제임스 코너의 프레시 킬스^{Fresh Kills} 공원은 전통적인 평면도의 개념을 해체시키고 더 나아가 설계의 방식을 역전시켜 버린다. 고전적인 의미의 평면도는 추상적인 설계 개념을 기호화, 체계화, 구체화하는 과정을 거쳐 만들어진다.[11] 하지만 프레시 킬스의 설계가는 평면도를 공간을 구상하기 위한 매체가 아닌 이미지 생산을 위한 매체로 사용한다. 처음 평면도에 담긴 형태는 설계 개념과도, 공간적 기능과도 아무런 관계가 없다. 이 평면도는 어찌 보면 무의미하지만 한편으로는 무한한 잠재적 공간을 잉태한 이미지다. 다양한 이미지의 중첩과 변형을 통해 공간이 떠오른다. 기능과 프로그램은 가장 마지막에 이미지에 담긴다. 이 때 평면도는 개념

JCFO가 설계한 프레시 킬스 평면 콜라주

의 구체화된 결과물이 아니다. 오히려 개념은 이미지의 연쇄가 만들어낸 부산물이다.

입면도는 표면이다

1235년경 제작된 비야르 드 온느크루Villard de Honnecourt의 스케치북은 건축적 도면의 초기 원형을 잘 보여준다.[12] 이 스케치북에 그려진 랭스Reims 대성당의 평면도는 복잡해 보이기는 하나 결국은 공간의 구성만을 보여주기 위한 체계다. 반면 입면도들은 주두의 크로켓Crocket 양식부터 화려한 로즈 윈도우Rose Window의 묘사까지 공간 자체보다는 장식에 초점을 맞추고 있다. 이 그림들을 통해서 초기부터 평면도의 목적은 공간의 구성에 있고, 입면도는 수직 공간에 대한 더 상세한 정보를 제공해 주기도 하지만 그 본연의 목적은 공간을 꾸미는 데 있다는 사실을 알게 된다. 고작 장식이라니 얼마나 하찮은 역할인가? 그런데 우리가 실제 공간을 경험하는 데 있어서 어떠한 요소가 더 결정적인가를 생각해보자.

유럽에 배낭여행을 가서 고딕 성당에 들어서는 순간 장엄함과 화려함에 넋을 잃게 된다. 그 순간 아무도 성당의 공간 구조에는 큰 관심을 갖지 않는다. 아니, 심지어 그 공간의 구조가 어떠했는지 기억조차 못한다. 모두가 사진에 담고 싶어 하는 요소는 높은 열주와 현란한 스테인드글라스, 그리고 섬세한 조각적 장식이다. 조경 공간도 마찬가지다. 원시림에 들어서면 우리를 압도하는 것은 웅장한 나무들의 수직적 모습이지 나무의 위치나 간격이 아니다. 숲의 공간적 구조가 생태적으로 중요할지는 몰라도 이 공간의 감동을 느끼는 데 결정적이지는 않다. 물론 평면도가 만들어내는 공간적 체계가 경험의 측면에서 아무런 의미가 없다는 것은 아니다. 그러나 체계가 경험을 가능하게 하는 조건일 수는 있어도 경험 자체이지는 않다. 이는 최초로 교향곡에 합창의 요소를 도입한 파격적인 형식이 베토벤 9번 교향곡에서 아무리 중요한 음악사적 의미가 있다한들 우리가 이 음악에서 느끼는 감동이 교향곡의 형식 때문이 아닌 것과 마찬가지다.

공간 구성의 측면에서만 본다면 입면도는 평면도에 비해 중요도가 떨어진다. 입면도가 필요하다고 해도 입면도는 평면도가 미리 결정한 공간의 논리에서 벗어날 수 없다. 그러나 설계가의 작업이 단순히 공간의 구조와 기능을 결정하는 차원을 넘어 예술적인 표현이고자 한다면 입면도의 역할이 중요해진다. 입면도는 사람의 얼굴과 같다. 두개골의 구조, 근육의 층이 얼굴의 형태를 구성하지만 우리가 보고 느끼는 얼굴은 결국 표면이다. 같은 얼굴도 외부적인 요인과 내부적인 감정의 변화에 따라 시시각각 변한다. 얼굴에서 드러나는 표면의 사건이 바로 표정이다. 공간도 마찬가지다. 물리적으로 공간은 고정되어 있다. 그러나 공간 외부의 빛, 음악, 온도에 따라 그 표면의 모습은 매번 달라진다. 입면도는 공간의 표면, 즉 얼굴에 대한 그림이다. 입면도를 통해 공간의 표정이 생긴다.

그런데 입면도는 건축 설계에서 공간을 구조의 체계에서 감각적 예술의 영역으로 승화시키는 중요한 매체인데 반해, 정작 조경 설계에서는 입면도가 할 수 있는 일이 그리 많지 않다. 왜냐하면 조경의 입면을 지배하는 수직적 요소는 나무이기 때문이다. 조경가가 수목의 종류와 크기, 그리고 대략적인 형태까지도 지정할 수는 있다. 그러나 수목이 만들어내는 입면의 미학은 디자이너가 완벽하게 구상하고 통제한 결과물이 될 수 없다. 조경의 공간에서 디자이너가 완벽하게 통제할 수 있는 입면적 요소는 고작 담장, 분수, 가구, 조명 등의 시설물이다. 이들로도 공간의 표정을 만들어낼 수 있겠지만, 수목이 만들어내는 공간적 효과에 비하면 아무것도 아니다. 조경의 입면도는 단면도와 결합할 때 비로소 결정적인 가능성을 보여준다.

1 ──── 옥스퍼드 사전에서 동사로서 'design'의 정의는 다음과 같다. "Decide upon the
look and functioning of (a building, garment, or other object), by making a
detailed drawing of it." 국립국어원의 표준국어대사전에서 '설계하다'는 다음과
같이 정의되어 있다. "건축, 토목, 기계 제작 따위에서 그 목적에 따라 실제적인 계
획을 세워 도면 따위로 명시하다."

2 ──── 근대적인 의미의 설계 영역이 확립되어 갈 때 여전히 예술성을 위해 장인의 전통
을 지키려는 건축적 운동이 이와 같은 디자인의 분업화에 격렬히 저항했다. 대표
적으로는 19세기 말 20세기 초 윌리엄 모리스(William Morris)와 존 러스킨(John
Ruskin)이 이끌던 영국의 아츠 앤 크래프트 운동(Arts and Crafts Movement)이
있었으며, 프랑스와 벨기에의 아르 누보(Art Nouveau) 운동 역시 초창기에는 장
인적 전통에 기초하고 있었다. 근대적 설계 교육 체계를 확립한 독일의 바우하우
스(Bauhaus)도 초기에는 장인들의 전통적인 작업 방식을 산업화 체계와 어떻게
결합시킬지를 고민했다. 설계의 분업화와 장인적 전통의 대립은 여전히 오늘날의
건축과 조경의 주요한 논쟁거리다. 1980년대 등장한 비판적 지역주의는 지역성이
반영된 장인적 축조 방식을 모더니즘을 극복할 건축적 텍토닉(Tectonic)이라는
개념으로 제시한다. 최근 프리츠커 상을 수상한 피터 줌터(Peter Zumter)나 왕슈
(Wang Shu)와 같은 건축가들 역시 장인적 전통에 기반을 둔 건축 설계를 추구하
고 있다.

3 ──── 건축가도, 조경가도, 엔지니어도 기본적으로 한국건설기술인협회에 등록된 기술
자다. 설계가들은 건설기술인으로서 경력을 인정받고 숙련도에 따라 등급을 부
여받는다. 설계가는 전문적으로 설계를 하는 사람을 뜻한다. 따라서 설계가가 반
드시 건축가나 조경가와 같은 공간을 디자인하는 사람만을 의미하지는 않는다.
그러나 편의상 여기에서는 건축가와 조경가에 한정하여 설계가라고 부르도록 하
겠다.

4 ──── 이와 같은 사실은 비유클리드 기하학이 등장하면서 밝혀졌다. 평면적인 유클리

드 기하학의 공간은 비유클리드 기하학 공간의 특수한 경우에 불과하며, 결국 삼차원에서의 이와 같은 공간 개념은 이차원에서의 표면 개념과 유비적이다.

5 ——— 대표적인 예를 들자면, 이차원에 해당하는 구의 평면이 가지는 곡률을 결정하기 위해서는 삼차원을 사용해야 한다. 가우스(Johann Carl Friedrich Gauβ)는 구면의 곡률을 계산하기 위해 한 단계 높은 차원을 실정해야 하는 유클리드 기하학과는 달리 미적분학을 응용한 새로운 기하학이 가능하다는 것을 보여줌으로써 비유클리드 기하학을 제시한다. 한스 라이헨바하, 이정우 역, 『시간과 공간의 철학』, 서광사, 1986, p.28.

6 ——— 비유클리드 기하학에서 중요해진 위상적 차원의 사상(射像) 개념을 통해 설계의 도면이 이차원의 체계에 기반을 둔 이유를 수학적으로 증명할 수는 없다. 오히려 도면의 작성 방식은 사영기하학(射影幾何學)과 관련이 있다. 하지만 도면이 기하학적 사고에 기반을 둔 매체라는 점을 고려할 때 보다 보편적인 차원의 공간에 대한 인간의 기획적 표상과 도면의 논리를 관련지어 설명할 수는 있을 것이다.

7 ——— James S. Ackerman, *Origins, Imitation, Conventions*, MIT Press, 2002, p.31.

8 ——— 봉일범, 『프로그램 다이어그램』, 시공문화사, 2005, pp.44~45.

9 ——— 도미노 시스템을 건축에 도입하면서 르코르뷔시에는 건축의 평면을 내력벽으로부터 해방시켰다. 르코르뷔시에의 현대 건축을 위한 5원칙 중 3원칙이 개방된 평면이다. 비난트 클라센, 심우갑·조희철 역, 『서양건축사』, 대우출판사, 1996, pp.250~251.

10 ——— 박윤진과의 인터뷰, 2014년 5월 7일.

11 ——— 정욱주·제임스 코너, "프레시 킬스 공원 조경 설계", 『한국조경학회지』 33(1), 2005, p.98.

12 ——— Bibliotheque Nationale, Album De Villard De Honnecourt, Architecte Du XIII Siecle, Reproductiondes 66 Pages Et Dessins Du Manuscrit Francais 19093, Bibliotheque Nationale

07

단면도는 구축의 해설서다

투시도는 진실한 왜곡이다

콜라주는 감각을 종합하는 창발적 이미지다

엑소노메트릭은 입체적 종합이다

다이어그램은 추상기계다

때로는 형식이 내용을 압도한다

그림만 그리기(2)

단면도는 구축의 해설서다

자동차를 사용할 때 우리가 관심을 갖는 부분은 외관과 인테리어 디자인이다. 대부분의 사람들은 엔진과 동력 전달 장치의 구조를 본 적도 없고 알려고 하지도 않는다. 그러나 자동차를 만들거나 수리하는 엔지니어에게는 자동차 외피 너머에서 작동하는 기계들의 구조가 더 중요하다. 바로 이들이 자동차 본연의 특성과 기능을 결정짓기 때문이다. 공간도 마찬가지다. 일상적으로 공간을 이용할 때 우리는 벽의 두께가 얼마여야 하는지, 벽에 철근이 얼마나 들어갔는지 전혀 알 필요가 없다. 그러나 공간을 만드는 이들은 대상의 숨겨진 본성과 구조를 파악해야 한다. 설계가의 그림이 공간에 대한 단순한 표현이 아닌 공간의 구축을 목적으로 한다면 단면도는 모든 도면 중에서 가장 중요해진다.

디자인 의도의 전달 측면만 본다면 대개 단면도는 참조적인 역할을 할 뿐이다. 설계가의 의도와 표현을 효과적으로 파악할 수 있는 매체는 역시 평면도와 입면도다. 그래서 도면집을 보면 단면도는 대부분 뒷부분에 등장한다. 앞선 도면들이 전제가 되지 않으면 단면도는 읽을 수조차 없는 경우도 많다.[1] 그런데 안번 노년십에 실린 그림들 중 어떠한 형식의 그림이 가장 많이 등장하는지를 세어보자. 단면도의 수가 압도적으로 많을 것이다. 공간이 복잡하면 할수록, 설계에 다양한 생각이 담길수록 단면도의 수는 더욱 증가한다. 왜냐하면 단면도는 구축을 위한 해설적 도면이기 때문이다. 구축의 과정이 까다로울수록 설명은 늘어날 수밖에 없다. 단면도는 대중에게 디자인을 친절하게 이야기하기 위한 그림이 아니

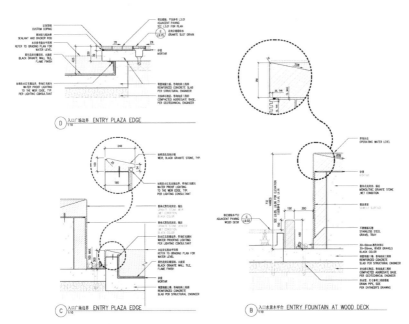

단면상세도, 쿤산 캐틱 시티(Kunshan Catic City)

라, 전문가들 사이의 고도로 엄격하고, 기술적이며, 세심한 설계의 대화를 위한 그림이다. 단면도를 통해서 비로소 이차원의 그림에 불과한 도면은 현실의 삼차원적인 공간과 사물을 구현하는 마법의 주문서가 된다.

그런데 이러한 단면도의 특성 때문에 학생들의 오해가 생긴다. 학생들의 설계가 실제 공간으로 만들어지는 일은 극히 드물다. 그래서 구축을 위한 그림인 단면도는 설계 시간에 인기가 없다. 단면도를 집중적으로 다루는 시간은 설계보다는 오히려 시공이나 구조 수업 시간이다. 그러나 여기서 설계의 본질을 다시 한 번 생각해야 할 필요가 있다. 설계는 무엇인가를 만들기 위한 행위로서 의미를 지닌다. 설계의 결과물이 현실로

구현되지 못할지라도 설계는 그 대상이 실제로 만들어짐을 전제로 해야 한다. 그래서 비록 지금 그 역할이 대단해 보이지 않더라도 반드시 단면을 통한 설계의 사고를 익히고 훈련해야 한다. 공간과 대상의 구조를 이해하고 표면이 효과를 시끌시끌 일세는 입내시만늘 묘상하는 실세와 분명 다르다.

　참조적이며 기술적인 단면도는 다른 도면과 결합할 때 놀라운 힘을 발휘하는 새로운 설계의 매체가 되기도 한다. 이러한 결합은 도면의 규칙들을 준수하면서도 설계 매체의 형식이 지닌 한계를 넘어설 수 있는 가능성을 제시해 준다. 입면도와 투시도가 디자인의 표면적인 효과를 전달

준설토 처리장과 공원과의 관계를 보여주는 단면투시도, 드렛지 시티(Dredge City),
ASLA 2013 학생 작품 수상작

하는 매체라면 단면도는 그 표면을 구성하는 내재적인 원리를 나타내는
매체다. 특히 조경에서 단면도는 주로 지형의 논리와 공간과 지형과의 관
계를 드러낸다는 점에서 중요하다. 구조적인 지형의 단면도와 대지의 표
면에서 발생하는 효과를 보여주는 입면도나 투시도가 만날 때 그 어떠한
도면도 보여줄 수 없는 비밀스러운 관계를 이야기해 준다. 입단면도나 단
면투시도를 통해서 설계가는 지형의 논리와 생태계의 변화가 연관이 되
고 다양한 프로그램이 발생하며, 경험의 감각이 어떻게 연출되는지를 시
각적으로 설명할 수 있게 된다.

투시도는 진실한 왜곡이다

시골의 어르신들도 투시도를 보여드리면 누구나 쉽게 공간을 이해하신다. 그만큼 보는 이의 입장에서 투시도는 쉽고 편안하다. 왜냐하면 투시도는 우리가 현실에서 보는 풍경의 모습과 가장 닮아있기 때문이다. 그런데 투시도를 제대로 그리는 일은 그리 만만하지 않다. 도법에 따른 정확한 투시도는 기하학 문제 풀이에 가깝게 느껴질 정도로 작업이 끼다롭고 시간도 무자비할 정도로 소요된다.

도학 교과서를 보면 투시도에 대한 내용이 대부분을 차지할 정도로 비숭이 크지만 원래 투시도는 도면보다는 회화를 위해 발전된 기법이다. 1413년 경 이탈리아의 건축가이자 공학자인 부르넬레스키Filippo Brunelleschi는 선형 투시도법을 개발했을 뿐 아니라 이 표현 방식이 과학적으로 타당하다는 사실을 증명했다.[2] 곧 이탈리아 지역 대부분의 르네상스 화가들은 부르넬레스키가 개발한 투시도법을 사용하기 시작한다. 그리고 1435년 알베르티Leon Battista Alberti가 미술사에 새로운 이정표를 세운 『회화론De pictura』을 펴낸다. 이 책에서 알베르티는 유클리드 기하학을 응용하여 더욱 발전된 투시도법을 이론적으로 정리한다. 흥미로운 점은 정작 건축가가 투시도법

알브레히트 뒤러의 "투시도 기계"(Underweysung der Messung)

투시도의 흔적이 나타나는 중세의 입면도,
올리비에토 대성당(Orivieto Cathedral), 1320.

을 발명해냈지만, 도면의 발전 과정은 투시도법에서 벗어나기 위한 역사였다는 것이다.

미술사학자 애커먼James S. Ackerman은 중세와 르네상스 초기의 건축 도면에는 투시도의 흔적들이 나타나다가 후대에 이르러서야 평행투상도법을 따르는 도면의 체계가 정립되었다는 사실을 밝혀낸다.[3] 평면도, 입면도, 단면도를 그리려면 투시도법이 아닌 평행투상도법을 사용해야 한다. 실제로 그려보면 알겠지만 투시도법이 평행투상도법보다 더 까다롭고 복잡하다. 애커먼에 따르면 도면의 형식은 역설적으로 고도로 정교한 투시도법에서 더욱 일반화되고 단순화된 투상도법을 발전시키면서 형성되었다. 이는 현실을 정확하게 묘사하기 위한 회화와 현실을 정확하게 만들어내기 위한 도면이 전혀 다른 의도와 체계를 지니고 있다는 점을 보여준다.

여기서 의문이 생길 수밖에 없다. 가장 현실과 유사하며 과학적으로면서 승넝된 투시도법을 놔두고 왜 도면들은 굳이 어딘가 이색에보이며 한참 뒤에나 수학적으로 정리가 되는 투상도법을 기본적인 원칙으로 사용해야만 했을까?[4] 그것은 바로 왜곡의 문제 때문이다. 투시도법의 핵심은 단축법이다. 오래전부터 사람들은 동일한 크기의 사물이라도 가까이 있으면 커 보이고 멀리 있으면 작아 보인다는 사실을 알고 있었다. 화가들은 투시도법을 사용하여 인간의 시각에서 발생하는 이러한 왜곡 현상을 정확하게 표현하고자 했다. 투시도법의 발명은 과학과 수학적 연구의 성과물이다. 그리고 수학적 성과를 응용함으로써 서양의 회화는 놀라울 정도의 정교함을 갖게 된다. 하지만 이와 같은 왜곡은 오히려 도면에서는 문제가 되었다. 화가의 투시도는 현실의 정확한 재현을 목표로 한다. 그러나 도면은 설계가의 추상적인 형태와 개념을 현실에 구현하는 것을 목표로 한다. 이를 위해서 설계의 그림은 정보의 체계여야 하며 왜곡이 일어나서는 안 된다. 그 어떠한 도면에서도 10m 높이의 기둥은 거리에 관계없이 10m로 표현되어야 한다. 진실한 왜곡을 표현하고자 하는 투시도는 도면을 그리기에 부적합한 도법이었다. 도면집에서 투시도를 찾아보기 힘든 이유는 바로 이 때문이다.

콜라주는 감각을 종합하는 창발적 이미지다

설계에서 투시도의 역할은 크게 두 가지로 생각해 볼 수 있다. 첫째는 검증의 도구다. 아마 투시도를 그릴 때 즈음이면 대부분의 그림은 완성된 상태이며 설계도 막바지일 것이다. 그런데 과연 설계의 결과물이 실제로 만들어지면 과연 좋은 공간인지, 예상치 못한 문제가 있지는 않을지 확신이 서지 않는다. 본인은 물론 다인에게도 설계안에 대한 확신을 갖게 하려면 현실과 가장 닮은 모습을 보여주는 투시도로 설계의 결과를 보여주는 것이 가장 효과적이다. 물론 이러한 투시도의 역할이 설계의 마지막 단계에서만 주어지지는 않는다. 투시도는 의사소통 과정에서 수시로 그려지며 설계의 각 단계에서 설계의 과정과 방향을 검증하기도 한다.

그러나 설계가로서 더 관심을 갖게 되는 부분은 바로 투시도의 두 번째 역할, 창발적 이미지로서의 투시도다. 투시도의 두 번째 역할은 개념을 생성하기 위한 단초로서 의미가 있다. 이 때 투시도는 설계 과정의 마지막이 아니라 가장 최초의 자리에 놓이게 된다. 대부분의 경우 설계 과정은 대상지에 대한 분석에서 시작되기 때문에 투시도를 먼저 작업하는 경우는 드물다. 대상지에 대한 다양한 객관적 정보를 분석하기 위해서는 현실의 한 장면만을 포착할 수 있는 투시도는 설계의 출발점으로서 적합하지가 않다. 그런데 간혹 파편의 한 조각에 불과한 그 한 장면이 모든 것을 결정할 때도 있다.

투시도는 평면도, 입면도, 단면도가 제시하는 정확한 정보와 전체적인 구도를 보여주지 못한다. 반면 투시도는 객관적 도면에서는 표현할 수 없는 설계의 중요한 현상학적 요소를 담아낼 수 있다. 대상지에 처음으로 갔을 때 우리가 대하는 것들은 무엇인가? 무더운 여름날의 강한 햇빛

"Multipli-City"(씨토포스+SWA 외)의 서류 면목 용산공원 공모서 출품작

DETENTION POOL in the event of rain

과 어디선가 불어오는 바람, 낯선 이를 물끄러미 응시하는 할머니의 시선, 분주한 거리의 웅성거림을 깨뜨리는 자동차의 경적 소리. 우리는 결코 대상지를 분석 도면으로 인지하지 않는다. 우리가 인식하기 이전에 대상지는 감각으로 다가온다. 그림을 그리는 설계가는 잡다한 감각과 감정을 시각화해야 한다.

콜라주는 감각을 종합하는 창발적 이미지로서의 투시도를 만들어 낼 수 있는 가장 효과적인 기법이다. 콜라주로 표현된 투시도는 정확한 도법을 따르지 않는다. 소실점도 어긋나 있으며 단축법의 규칙도 정확히 준수하지 않는다. 소리의 유무에 따라서, 촉각의 경험에 따라서 같은 모습의 공간도 전혀 다르게 느껴진다. 따라서 새로운 감각, 개념, 이야기를 만들기 위해서 설계가는 감각의 종합으로서의 이미지를 통해 설계의 첫걸음을 딛는다. 마치 세잔느가 일시적인 변화를 파악하면서도 사물에 내재된 본질을 그려내기 위해서 투시도의 규칙을 포기했던 것과 마찬가지로 창발적 이미지로서의 투시도는 투시도의 정형적인 틀에서 벗어나게 된다.[5]

창발적 이미지로서의 투시도는 설계의 출발점에서 우리를 새로운 사고와 감각으로 인도하는 안내자가 된다. 그리고 이 안내자는 역할을 바꾸어 설계의 여정의 중요한 지점에서 도움을 주기도 한다. 다음은 그로스 맥스Gross Max라는 조경설계사무소의 투시도다. 이 이미지에서 투시도의 도법에서 어긋난 점을 찾기 힘들지만 그렇다고 다른 일반적인 투시도처럼 현실의 충실한 재현으로 보이지는 않는다. 설계가가 이 투시도에서 재현하고자 한 대상은 실제 공간의 모습이 아니라 설계를 통해 만들어진

새로운 감수성과 감각이다. 이미지에서 실재는 누락되며 왜곡된다. 현실에서는 존재할 수 없는 이미지들이 동시에 나타나며 보는 이에게 낯선 감성을 상요한다. 이 이미지를 통해서 설계가의 의도를 논리적으로 파악하고자 하는 시도는 무의미하다. 여기서 이미지들은 시각적 관조의 대상이 아니다. 이들은 촉각적인 감각으로 이루어진 불안한 감성의 결정들이다. 그리고 이와 같은 이미지들은 정보의 집합체인 도면의 체계에서 제거될 수까에 없는 긴 싱 느 믈 세그편에구민시 실세에, 그리고 농산에 선어 나는 느낌과 의미를 부여한다.

엑소노메트릭은 입체적 종합이다

건축학과 출신인지 조경학과 출신인지를 구분하는 가장 쉬운 방법이 하나 있다. 엑소노메트릭axonometric을 망설임 없이 그릴 줄 안다면 건축학과

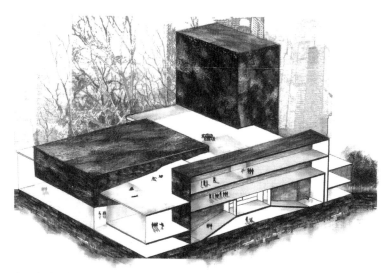

액소노메트릭 조감도

투시 조감도

07. 그림만 그리기(2)

인 경우가 많고 이 용어조차 낯설다면 조경학과인 경우가 많다. 여기에서 우리는 왜 건축가에게는 기본이라고 할 정도로 중요한 그림이 조경가에게는 이름조차 생소한지 궁금해진다. 그 이유를 알려면 우선 엑소노메트릭의 역할을 이해할 필요가 있다. 많은 학생들이 조감도를 그릴 때 엑소노메트릭과 투시도를 착각하곤 한다. 엑소노메트릭의 형식에 따라 그려진 조감도와 투시도 형태의 조감도를 얼핏 보면 흡사해 보인다. 하지만 꼼꼼히 근경과 원경을 비교하면 결정적인 차이가 나타난다. 투시도의 경우 난축법에 따라 원경이 점점 작아지지만 엑소노메트릭에서는 단축법이 적용되지 않아 아예 근경과 원경의 구분이 없다. 다시 말하자면 엑소노메트릭에서는 시선에 따른 그 어떠한 왜곡도 생기지 않는다. 이는 엑소노메트릭의 목적은 왜곡까지 포함한 현실을 그대로 보여주려는 투시도와는 달리 정보의 전달에 있다는 것을 의미한다.

이미 우리는 평면도, 입면도, 단면도가 정보의 세계를 표현한 도면의 형식이라는 사실을 알고 있다. 그런데 이 모든 도면은 이차원의 정보만을 표현할 뿐 그 어느 그림도 삼차원의 공간을 보여주지 못한다. 그 역할을 엑소노메트릭이 수행한다. 엑소노메트릭은 이차원적인 정보를 종합하여 삼차원 공간에 대한 정보를 왜곡 없이 전달하기 위한 매체다. 건축가가 다루어야 하는 공간은 기본적으로 삼차원이다. 이차원적인 도면에 표현된 정보도 결국 삼차원적인 공간을 만들기 위해 조합되어야 할 요소들이다. 따라서 건축가에게 엑소노메트릭은 평면도, 입면도, 단면도와 같은 평면적인 도면보다도 더 기본적인 공간 단위의 표현 형식이 된다. 반면 조경가들은 이차원의 공간에 익숙하다. 설령 삼차원적인 공간의 정보가 필요하더라도 조경가가 모든 수직적 요소를 철저하게 통제하는 경우는 매우 드물었다. 도면의 역사를 보더라도 조경의 입면도는 대부분 분수나 정자, 다리와 같은 시설물에 국한될 뿐 공간의 전반적인 구조를 보여주는 입면은 보기가 어렵다. 입면도의 역할마저도 그리 중요하지 않은데, 엑소노메트릭처럼 삼차원적인 정보를 정확하게 표현하는 매체를 사용할 필요는 더더욱 없었다.

그런데 조경이 변화하기 시작했다. 생태학이 발전하면서 수직적인 식물 군락의 관계가 중요해졌다. 건축과 조경의 경계가 모호해지면서 건축의 입면과 구조에 대한 이해를 바탕으로 조경의 틀이 결정되었다. 조경 공간이 도시의 기반시설로 인식되면서 조경은 복잡한 수직적 구조물과 토목적 장치를 반영해야 했다. 오늘날 조경은 더 이상 화단의 기하학적 구성으로 공간의 구조가 결정되던 이차원적인 공간 예술이 아니다. 조경의 영역이 확장되고 조경가의 역할이 증대되면서 소경가에 삼차원의 정보는 이제 선택이 아닌 필수적인 요소가 되었다. 그와 함께 모든 정보의 종합적 결정체의 역할을 하는 엑소노메트릭의 역할과 가능성도 점점 커졌다. 아직 조경이 깊이 다루어보지 못했던 엑소노메트릭은 지금까지의 전통적인 조경 설계가 상상해보지 못했던 새로운 방식을 제시해줄 수 있는 혁명적 매체가 될 수도 있다.

다이어그램은 추상기계다

엄밀히 말하자면 다이어그램은 도면의 형식이 아니다. 좁은 의미에서 다이어그램은 도면 이외에 설계에 필요한 모든 그림을 지칭하는 개념이다.[6] 다이어그램은 그 역할에 따라 크게 두 가지로 구분된다. 첫 번째는 설명적explanatory, 혹은 재현적representational 다이어그램이다. 설명적 다이어그램의 역사는 14세기까지 거슬러 올라가지만, 다이어그램을 의식적으로 특수한 매체로서 사용하기 시작한 출발점은 1920년대 독일과 러시아의 사회주의 아방가르드 진영에서 사용한 분석적 도표와 동선 다이어그램에서 그 기원을 찾을 수 있다.[7] 그리고 1930년대 미국의 건축 설계에서는 사회공학에서 등장한 과학적 관리론의 영향을 받아 동선과 기능을 도식화하는 다이어그램이 건축 담론에서 체계적으로 등장한다.[8] 설명적 다이어그램은 설계의 의도나 성과를 클라이언트나 대중에게 전달하고 설득할 때 효과를 발휘한다. 여기에 속한 그림은 디자인 단계 자체에서 안을 발신시키기 위한 도구가 아니라 설계 후의 의사소통이나 전달에 초점을 두는 장치인 경우가 많다.[9]

그러나 오늘날의 설계자들이 다이어그램에 지대한 관심을 갖는 이유는 다이어그램의 설명적 기능 때문이 아니라 새로운 설계의 도구로서 무한한 가능성을 지니고 있기 때문이다. 이러한 두 번째 종류의 다이어그램을 생성적, 혹은 구축적 다이어그램이라고 부른다. 생성적 다이어그램은 설계 과정에서 특정한 방식으로 생성generation, 증식proliferation, 작동operation하여 설계를 발전시키는 과정의 매체가 된다. 현대 건축가들은 이러한 다이어그램의 가능성을 탐구하고 실험해 왔다. 유엔 스튜디오^{UN} Studio의 벤 반 버클Ben Van Berkel과 캐롤라인 보스Caroline Bos는 1999년의 에세이를 통해서 건축 설계와 다이어그램과의 관계를 여러 각도에서 고찰했으며,[10] 이후의 프로젝트인 뫼비우스 주택에서 다이어그램을 통해 기존의 고정된 공간을 다루려는 설계의 관점에서 벗어나 프로세스적인 설계를 시도한다. MVRDV가 주장하는 데이터스케이프datascape라는 새로운 설계 방식도 다이어그램을 통한 공간의 생성에 초점을 맞춘 전략이다.[11] 이 때 다이어그램은 정보와 형태를 매개하는 매체로서 기능한다. 렘 콜하스는 요코하마 도시계획 프로젝트를 진행하면서 다이어그램을 적극적인 설계의 매체로 활용한다. 건축가는 이 프로젝트를 고정된 공간에 대한 해석이 아니라 유동적 프로그램과 시간의 관계로서 풀어내고자 했다. 그리고 그 사고의 전개는 '프로그램의 용암programmatic lava'이라는 다이어그램을 통해 구현된다.[12]

유엔 스튜디오(UN Studio)의 다이어그램,
Designed Center for Virtual Engineering Realized

건축 설계에서 탐색되기 시작된 생성적 다이어그램의 가능성은 오늘날에 조경 설계에서도 다양하게 실험되고 있다. 캐서린 모스바흐Catherine Mosbach는 타이중 게이트웨이 공원Taichung Gateway Park 공모전에서 입자들의 확산처럼 보이는 새로운 형태의 공원을 선보인다. 이 공원은 미기후 조절이라는 기능에 최적화된 형태와 구조를 갖는다. 이 때 대상지의 미기후

캐서린 모스바흐(Catherine Mosbach)가
설계한 타이중 게이트웨이 파크
(Taichung Gateway Park)의 평면도

타이중 게이트웨이 파크의
미기후 다이어그램

를 결정하는 세 가지 요소들의 관계와 분포에 따라 공간의 전체적인 구조가 결정되는데, 그 매체는 다이어그램이다. 다음은 환경조경대전에서 최우수상을 받은 학생 작품이다. 작품에서 설계가는 도시 내의 특정한 대상지를 점유하기보다 중앙선을 따라 이어지는 도시 녹지의 네트워크의 관점에서 새로운 도심 정원을 구상하였다. 설계의 첫 단추는 중앙선을 따라 전개되는 경관의 특징과 경험을 분석하는 것이었다. 다이어그램의 형태로 경관을 구성하는 시설물, 건물, 식생, 물 그리고 하늘의 비율을 추적함으로써 연속된 경관의 시각적 구조의 역동적인 양상을 밝혀내고 이를 근거로 설계의 계획적·공간적 구조를 엮어간다.

생성적 다이어그램의 개념은 철학자 들뢰즈의 추상기계라는 개념과 분리해서 생각할 수 없다. 들뢰즈는 다이어그램을 추상기계로 정의한다. 그에 따르면 다이어그램적 장치에 의해 정의되는 추상기계는 최종 심급深級

환경조경대전 최우수작인 "1.44m²"(주소희, 강지은, 허재희)의 경관 분석 다이어그램

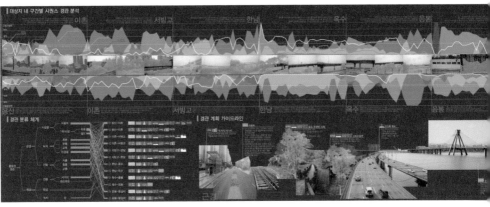

에 있는 하부구조도 아니며 최상위 심급에 있는 초월적 이념도 아니다. 오히려 추상기계는 선도적인 역할을 한다. 추상기계 혹은 다이어그램적 기계는 그 무엇도 재현하지 않으며 오히려 도래할 실재, 새로운 유형의 현실을 건설한다.[13] 다이어그램이 추상기계라면 다이어그램은 설계의 모든 매체를 포괄하는 개념적인 매체가 된다. 그러나 들뢰즈가 설명했듯이 이는 유명론唯名論적인 개념이 아닌 구체적인 실체를 지닌 매체다. 좁은 의미의 다이어그램은 도면 이외의 설계의 모든 그림을 의미한다. 그러나 동시에 모든 형태의 도면은 추상기계로서의 다이어그램이 된다.

때로는 형식이 내용을 압도한다

대부분 우리는 설계의 형식보다는 내용을 중요시한다. 설계의 개념과 공간에 대한 구상이 평면도로 표현되든, 투시도로 표현되든, 다이어그램으로 표현되든 결국 내용은 동일하다고 생각한다. 왜냐하면 매체는 실계가의 구상을 전달하는 도구에 불과하기 때문이다. 하지만 실체로는 그렇지가 않다. 동일한 개념도 다이어그램으로 표현하느냐 단면도로 표현하느냐에 따라 전혀 다른 공간으로 발전할 수가 있다.

　설계의 매체가 도구에 불과하다는 말이 틀리다는 것은 아니다. 다만 도구가 내용의 목적과 실체에 미치는 영향력을 간과해서는 안 된다는 것이다. 인간의 진화는 생물학적 진화보다도 도구의 진화에 더 큰 영향을 받았다. 설계도 마찬가지다. 설계의 목표는 그림을 그리는 데 있지 않다. 그러나 그림으로 표현되지 못하고 머리와 입속에서 맴돌고 있는 설계는 설계가 아니다. 때로는 형식이 내용을 압도하기도 한다. 매체가 설계가의 생각을 지배하기도 한다. 매체에 종속되지 않고 매체를 다루는 설계가가 되기 위해서는 매체의 힘과 가능성을 제대로 알고 있어야 한다.

1 　　　　도면집은 순서대로 읽는 자료가 아니다. 도면집의 평면도에는 여러 가지 기호들이
　　　　등장하는데 이는 특정한 정보를 파악하기 위한 지침이다. 평면도에 등장하는 기
　　　　호 중 하나가 단면기준선이다. 단면기준선은 대상이나 공간의 단면을 자를 때 위
　　　　치와 범위 그리고 방향을 지시해주며, 도면집 내에서 해당 단면도가 기재된 위치
　　　　를 알려준다.

2 　　　　F, H, 곰브리치, 백승길·이종숭 역『서양미술사』, 예경, 1997, pp.226~228.

3 　　　　James S. Ackerman, *Origins, Imitation, Conventions*, MIT Press, 2002.

4 　　　　평면도, 입면도, 단면도를 그리기 위한 평행투상도법은 오래전부터 경험적으로
　　　　사용되어 왔으나 정확한 수학적 원칙은 19세기나 되서야 제시된다. 1822년 영국
　　　　의 과학자 파리쉬(William Farish)는 등각투상도법의 이론을 기술한 논문을 발
　　　　표하나, Patrick Maynard, *Drawing Distinctions: The Varieties of Graphic
　　　　Expression*, Cornell University Press, 2005.

5 　　　　세잔느는 그린다는 것은 단순히 대상을 모방하는 것이 아니라 여러 관계 사이의
　　　　화음을 포착하는 것이라고 생각했다. 세잔느에 이르러서, 정물화나 풍경화에서
　　　　의 투시도법 규칙은 의도적으로 무시된다. '생 빅트와르 산' 연작에서 세잔느는 멀
　　　　리 있는 산을 실제로 보이는 것 이상으로 강조하여 산 바로 위에 전경의 나뭇가지
　　　　가 있는 것처럼 처리함으로써 원근법을 부정한다. 전경의 나뭇가지는 인상주의의
　　　　순간적인 움직임을 묘사한 반면 중경과 원경은 지속적인 관선의 흐름을 전달하기
　　　　때문에 같은 화면에 순간성과 부동성이 공존한다. 김영나,『서양 현대미술의 기원
　　　　1880~1914』, 시공사, 1996, pp.43~45.

6 　　　　홍일범, '포르그램 다이어그램』, 시공배어사, 2003, p.70.

7 　　　　앞의 책, p.70.

8 　　　　배형민, 박정현 역,『포트폴리오와 다이어그램』, 동녘, 2013, pp.211~255.

9 　　　　배정한, "현대 조경설계의 전략적 매체로서 다이어그램에 관한 연구",『한국조경
　　　　학회지』34(2), 2006, p.101.

10 　　　Ben Van Berkel, Caroline Bos, *Move*, Goose Press, 1999, pp.322~329.

11 　　　Winy Maas, Jacob van Rijs, Richard Koek, *MVRDV: FARMAX*, nai010
　　　　publishers, 1998.

12 　　　Rem Koolhaas, Bruce Mau, *S, M, L, XL*, The Monacelli Press, 1999,
　　　　pp.1210~1237.

13 　　　질 들뢰즈·펠릭스 가타리, 김재인 역,『천 개의 고원』, 새물결, 2001, p.273.

08

베끼기

양심의 가책

중간발표는 꽤 성공적이었다. 나의 설계를 늘 마음에 들어 하지 않으셨던 교수님도 지적보다는 긍정적인 조언을 많이 주셨고, 어떤 교수님은 최종발표가 기대된다는 격려까지 해주셨다. 그런데 마음이 편하지가 않다. 왜냐하면 저 설계는 며칠 전 잡지에서 본 그럴듯한 작품들을 짜깁기하여 베낀 결과물이기 때문이다. 처음부터 베낄 의도는 없었다. 참조만 한다는 것이 결국 베끼기가 되어 버렸다. 다른 안을 다시 그려보아도 내 눈앞에 있는 모작만 못한 느낌이다. 그냥 이 안으로 끝까지 가볼까? 그러다 원작을 알고 있는 교수님이 지적을 하시거나 친구들이 알아채고 비아냥거릴까봐 걱정이다. 지적과 비웃음을 제쳐두고, 좋은 조경가가 되고 싶다는 내 자존심이 이를 허락하지 않을 것 같다. 작가는 자신만의 생각과 개성을 작품에 담아야 한다고 배워오지 않았던가?

그런데 문득 의문이 생긴다. 생각을 해보면 어디까지가 참조이고 표절인지 헷갈린다. 좋은 사례를 찾아보라는 교수님들의 조언이 베끼기를 어느 정도 용인하는 의미일지도 모른다는 생각이 들기도 한다. 배우는 과정이라면 어느 정도의 베끼기는 공부의 일부가 아닐까? 그렇다면 실무에서는 베끼기가 윤리적으로 해서는 안 될 짓일까? 베끼기는 과연 나쁜 짓인가?

베끼기의 역사

믿기지 않을 수도 있지만 예술의 궁극적인 목표가 베끼기였던 때가 있었다. 오늘날 예술을 논할 때 대개는 르네상스, 바로크처럼 시대를 기준으로 삼거나 낭만주의, 사실주의, 초현실주의와 같이 생각과 작업 방식을 공유하는 예술가들의 그룹을 묶어서 이야기한다. 처음 이러한 방식으로 예술의 흐름을 파악하고자 한 이가 독일의 예술사가 빈켈만Johann Joachim Winckelmann이다. 빈켈만은 한 편의 논문을 통해 작가 개개인의 분석 수준에 머물던 예술사의 담론에 가히 혁명적인 변화를 일으킨다.

빈켈만이 1755년 출판한 논문, "회화와 조각 예술에서 고대의 작품을 모방하는 것에 관한 생각Gedanken uber die Nachahmung der griechischen Werke in der Malerei und Bildhauerkunst"은 귀족 출신도 아니었던 빈켈만을 단번에 저명인사로 만들 정도로 유럽 지식인들 사이에서 화제가 되었다.[1] 빈켈만은 이 책에서 고대 그리스 예술을 서양 문명이 도달한 최고의 예술적 경지로 극찬한다. 그리고 예술이 창조적이기 위해서는 역설적으로 고대 그리스의 문화로 돌아가 철저히 당시의 예술을 베껴야 한다고 주장한다. 지금 들으면 궤변 같아도 당시 이러한 생각은 나름 오랜 문화적 근거를 갖고 있었다.

로마 시대의 예술은 대부분 그리스 예술의 모작이다. 예외가 있다면 정치인들의 동상이나 전승 장면을 묘사한 부조 정도밖에는 없다. 그러나 기술적인 측면에서 로마인이 그리스인보다 능력이 떨어졌던 것은 아니다. 로마의 예술의 독창성이 떨어지는 이유는 예술가의 능력 문제라기보다는 미의 기준이 고대 그리스 예술에 있었기 때문이다. 로마 시대에 예술의 가치는 창의성보다는 얼마나 그리스의 작품을 잘 모방하였는가에 따라 결정되었다.[2] 예술가를 높이 평가했던 르네상스 시대에도 모방은 여전히 예술의 중요한 가치였다. 빈켈만은, 라파엘로도 제자들에게 그리스의 조각 작품을 소묘하라고 시켰다고 전하고 있다. 라파엘로뿐만 아니라 대부분의 르네상스의 대가들 역시 고대 그리스의 조각을 훌륭한 예술의 전형으로 여기고 작품에 반영하려 했다. 또한 르네상스 예술 이론을 체계적으로 정리한 알베르티 역시 『회화론』에서 자연 풍경을 대상으로 습작하는 것과 함께 그리스 거품의 모사도 훌륭한 예술가라면 반드시 따라야 할 훈련 방법이라고 기술할 정도로 모방을 중요시 했다.[3]

놀랍게도 예술가는 철저하게 고대 그리스를 베껴야 한다는 빈켈만의 주장은 많은 이들의 공감을 얻는다. 실제로 빈켈만 이후 18세기 후반 예술계의 목표는 고대 그리스의 모방이 되었다. 우리는 이러한 사조를 신고전주의Neoclassicism라고 부른다. 신고전주의는 단순히 회화나 조각에 국한된 움직임이 아니었다. 미술은 물론 문학, 연극, 음악 역시 고대 그리스 비극의 구성을 따르려 했으며 건축에서도 역시 그리스 신전의 양식을 재해석한 건물들이 도시의 주요 공간을 지배하게 된다. 오늘날에도 이러한 베끼기의 전통은 다양한 형태로 변형되어 지속되고 있다.

빈켈만의 시대처럼 오늘날 예술의 목표가 모방에 있지는 않지만, 사실 모방만큼 설계의 질을 단기간에 높일 수 있는 효과적인 방법도 없다. 모방이 윤리적으로 해서는 안 될 죄악은 아니다. 모방을 통해서 책으로는 배울 수 없는 뛰어난 디자이너들의 설계를 체득하게 되고 그들의 문제점도 발견하게 된다. 하지만 베끼기에 너무 익숙해지면 스스로 생각하는 힘을 잃어버리기도 한다. 잡지나 작품집을 통해서 설계를 하다보면 누군가의 아류가 되어버린 자신을 발견할지도 모른다. 모방은 분명 양날의 칼이다. 문제는 모방을 하느냐 하지 말아야 하느냐에 있지 않다. 문제의 핵심은 어떻게 모방을 하느냐에 달려 있다.

첫째, 다른 분야에서 베껴라

그렇다면 어떠한 방식으로 모방을 해야 좋은 베끼기가 될 수 있을까? 가장 안전한 방법은 다른 분야에서 베끼는 것이다. 분야가 다르다는 것은 기본적으로 매체나 사고의 체계가 다르다는 것을 의미한다. 그래서 다른 분야의 작품을 베낄 때는 체계를 변환하는 고도의 해석이 필요하다. 이 경우 해석 자체가 결국 창조의 과정이 되기 때문에, 마음먹고 베끼려 해도 표절이 불가능할 때가 많다. 작곡가가 외국 곡을 표절했다는 말은 들어봤어도 건축 작품을 표절했다는 말은 들어보지 못했을 것이다. 다른

몬드리안의 데 스틸 회화
(Piet Mondrian, Composition II in Red, Blue, and Yellow, 1937)

데 스틸 가구 디자인
(Gerrit T. Rietveld, Red/Blue Chair, 1917)

분야에서 베끼려면 유사한 인접 분야인 것이 좋다. 접근 방식에서 너무 차이가 생기면 베끼는 과정에서의 해석이 하나마나한 비유의 차원에 머물고 마는 경우가 많기 때문이다. 이러한 이유 때문에 영화감독들은 유사한 영상 예술 분야인 사진 예술에서 많은 영감을 받으며, 건축가나 조경가의 작업은 회화나 조각과 같은 미술 분야와 밀접하게 연관되어 왔다.

20세기 초 모더니즘 운동의 중요한 흐름 중 하나였던 데 스틸^{De Stijl}이 이러한 베끼기의 대표적인 예를 보여준다. 네덜란드어로 데 스틸은 '양식^{The Style}'을 뜻한다. 데 스틸은 그 의미처럼 예술의 다양한 매체를 넘어서 그 시대를 내표할 수 있는 보편적인 시각 예술의 양식을 제시하고자 했다.[4] 단순한 기하학적 구성으로 이루어진 몬드리안의 회화는 데 스틸이 생각한 예술의 보편적이고 추상적인 언어에 가장 가까웠다.[5] 주로 화가들이 주축을 이룬 데 스틸은 건축가인 리트벨트^{Gerrit Rietveld}가 참여하면서 더

네 스틸 공사 다이어그램
(Theo van Doesburg, Spatial Diagram for a House, 1924)

데 스틸 건축
(Gerrit T. Rietveld, Schröder House, 1923)

욱 다양한 매체를 통해 추상적인 양식을 구현해 나간다. 리트벨트가 디자인한 가구를 보면 기하학적 구성과 삼원색과 같은 몬드리안 회화의 특징이 그대로 반영되었다는 사실을 알 수 있다.[6] 다음은 데 스틸의 수장이었던 반 두스부르흐Theo van Doesburg의 공간 구상도. 리트벨트의 가구와 마찬가지로 이 다이어그램 역시 이차원적인 몬드리안의 평면 구성을 동일한 언어를 사용하여 입체적인 구성으로 만든 시도라는 점이 분명하게 드러난다. 건축도 예외는 아니다. 데 스틸 건축의 대표적인 작품인 슈뢰더 하우스Schroder House는 외관상의 형태뿐만 아니라 내부의 인테리어까지도 추상회화를 연상시키는 구성과 배치로 이루어져 있다. 데 스틸의 경우 회화의 형태적 언어를 산업 디자인에서, 그리고 건축에서 베끼면서 그 영역을 확장해 나간 셈이다.

조경가 피터 워커Peter Walker는 자신의 작품집에 『미니멀리스트 가든 Minimalist Garden』이라는 제목을 붙였다. 그 정도로 워커의 작품 세계는 1960년대 현대 미술의 중요한 사조였던 미니멀리즘과 밀접한 관계를 맺고 있다.[7] 그의 작품을 보면 미니멀리즘과의 유사성은 더욱 두드러진다. 다음은 1979년 워커가 SWA 시절에 완성한 캠브리지 센터 옥상 정원Cambridge Center Roof Garden이다. 이 정원의 공간을 지배하는 것은 하얀 금속 프레임으로 만들어진 입방체 형태의 조형물이다. 그런데 이 조형물은 미니멀리즘 작가 솔 르위트Sol LeWitt의 1971년 작품 "입방체의 구성Construction Cubic"을 연상시킨다. 솔 르위트는 이후 20년 동안 입방체를 이용한 실험을 계속해 나가며 새로운 작품을 선보인다. 그런데 솔 르위트의 연작과 2006년 워커가 완성한 서울의 삼성 플라자를 비교해보면, 워커가 설계한 조형물과 조명은 솔 르위트 작품과 언뜻 구분이 되지 않을 정도로 흡사하다. 한 번도 아니고 계속해서 이 정도의 유사성이 보이면 표절 시비가 생길만도 하다. 그러나 워커의 베끼기 작업을 제대로 이해하려면 그가 미니멀리즘의 표면적인 형태가 아닌 그 이면의 철학을 베꼈다는 사실을 알아야 한다.

우리는 예술가들의 작품보디는 기구나 패션 디자인 영역의 미니멀리즘을 연상하기 때문에, 흔히들 미니멀리즘이 장식을 배제한 단순한 형태

피터 워커(Peter Walker)가 디자인한 캠브리지 센터 옥상 정원

솔 르위트의 "입방체의 구성"
(Sol Lewitt, Costruzione Cubica, 1971)

피터 워커(Peter Walker)가 설계한
삼성 서초 플라자

를 추구하는 양식이라고만 알고 있다. 그러나 이는 겉으로 보이는 미니멀리즘의 결과일 뿐, 미니멀리즘이 극도로 절제된 작업을 해온 철학적 배경은 따로 있다. 미니멀리즘 작가들은 몬드리안의 데 스틸에서 뉴먼Barnett Newman의 색면 추상으로 이어지는 현대 추상 운동의 한 극단에 있었다. 이들이 추구한 것은 예술 배제의 순수성이었다. 즉 미니멀리스트들은 무엇인가를 재현한다는 예술의 오래된 정의를 기각하고 물성 그 자체를 탐구했다. 때문에 대상 자체는 극도로 단순해지며 심지어 예술의 대상은 입방체나 철판과 같은 사물 그 자체가 된다. 워커는 미니멀리즘을 조경에 도입했을 때 이러한 사고까지 함께 가져 왔다. 조경에서 대상의 순수성이란 어떻게 표현되는가? 공간의 기능과 이용을 배제한 순수한 조경 공간이 과연 가능할까? 이러한 점에서 워커의 조형물과 솔 르위트 작품의 표면적 유사성을 두고 표절 시비를 가리는 일은 무의미하다. 여기서 다른 분야를 베낄 때 중요한 주의사항 한 가지를 깨닫게 된다. 베껴라. 그러나 형태적인 외양만을 베끼지 말고 생각을, 그리고 철학을 베껴라.

둘째, 일반적인 해로 만들어라

애플과 삼성의 스마트폰 소송에서 핵심적인 사항 중 하나는 삼성이 애플의 디자인을 표절했는가의 문제였다. 애플은, 모서리가 둥근 직사각형 형태는 애플을 대표하는 디자인이며 삼성이 유사한 형태의 폰을 선보인 것은 명백한 표절이라고 주장했다. 반면 삼성은 그러한 형태의 디자인은 너무나 일반적인 것이어서 애플의 고유한 아이디어라고 할 수 없다고 반박해왔다. 일반적으로 자동차는 바퀴가 네 개다. 그렇다면 바퀴가 네 개인 모든 자동차들은 처음으로 이러한 디자인을 선보인 포드Ford 사에 로열티를 지불해야 할까? 그런데 자동차 이전에 마차도 바퀴가 네 개였으니, 포드도 마차 회사의 디자인을 표절했다, 보아야 할까? 표절의 경계는 이렇듯 모호한 경우가 많다. 그래서 특정한 디자인을 베끼되 그 안에서 일반적인 해를 노출하여 다른 대상지나 맥락에 적용한다면 좋은 설계가 될 수 있다.

2학년 정원 설계 수업시간, 한 학생이 싱가포르 마리나 베이 샌즈Marina Bay Sands 호텔의 옥상 수영장 사진을 들고 와서 학교 내에 이와 비슷한 정원을 만들고 싶다고 했다. 휴식이 없는 오늘날의 대학생들의 삶에 고급 리조트나 열대의 휴양지에서나 느낄 수 있는 여유와 분위기를 선사해주고자 하는 것이 이 정원 설계의 주요 목표이자 개념이었다. 그리고 이를 위해서 마리나 베이와 비슷한 경관이 펼쳐지는 장소를 찾아 설계의 대상지로 선택했다. 이러한 접근 방식은 표절인가, 아닌가? 표절인가 아닌가를 따지기 전에 다른 질문을 해보자.

　마리나 베이 샌즈 호텔의 수영장에는 두 가지 중요한 특징이 있다. 하나는 수영장의 경계가 보이지 않는다는 것이다. 여기서는 물이 직접 도시와 맞닿아 있는 듯한 착각을 불러일으킨다. 이렇게 물의 경계를 사라지게 만드는 설계와 시공 기법을 '인피니티 에지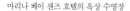infinity edge'라고 부른다. 그리고 이 수영장의 또 다른 매력 요소는 고층 건물의 옥상에서 도시 전체를 조망한다는 점이다. 그런데 인피니티 에지는 마리나 베이 샌즈에서만 볼 수 있는 설계인가? 당연히 그렇지 않다. 오늘날 유명한 휴양지나 호텔의 수

마리나 베이 샌즈 호텔의 옥상 수영장

"오션 스카이 가든"(장재봉)

영장은 대부분 이러한 기법으로 만들어진다. 그렇다면 고층건물 꼭대기에서 도시를 조망하며 수영을 한다는 개념은 어떨까? 전 세계에 이러한 수영장은 무수히 많다. 우리나라의 유명 호텔에도 최고층에서 강남의 진경을 바라보며 유유히 수영을 즐길 수 있는 수영장이 있다.

이 학생이 마리나 베이 샌즈 수영장의 중요한 특징을 베꼈다는 것은 부정하기 힘들다. 그러나 여기에서 베낀 요소들이 마리나 베이만의 고유한 디자인이라고 말하기는 힘들다. 여기서 중요한 점은 이 안이 마리나 베이와 얼마나 유사한가가 아니라 얼마나 다른가다. 비록 중요한 특징을 동일해도 이 학생이 이후 발전시킨 설계부분 마리나 베이와 거려 다르니. 우선 이 정원은 붙은 수영장이 아니다. 그리고 디자인는 형태와 규모가 완전히 다르다. 그 뿐만 아니라 서울 시내의 대학교와 싱가포르의 휴양지라는 매락 역시 큰 차이기 있다. 이 정원은 동일한 공간적 경험을 선혀 다른 상황에 훌륭히 적용시킴으로써 의미 있는 설계의 과정을 보여주었다. 여기서 우리는 베끼기의 두 번째 전략을 말할 수 있다. 다른 작품의 시스템적인 구조를 이해하라. 그리고 그 작품의 특징을 일반적인 해로 만들어서 베껴라. 이 때 가장 중요한 주의사항은 반드시 강력한 차별성을 이끌어 내야 한다는 점이다.

셋째, 별것 아닌 것으로 만들어라

친구가 찾아와서 최근에 개봉한 저명한 감독의 영화가 표절이라고 호들갑을 떤다. 그런데 두 영화를 꼼꼼히 보아도 비슷한 부분은 전혀 보이지 않는다. 친구에게 어디가 표절인지 모르겠다고 했더니 여배우의 목걸이가 완전히 똑같다고 한다. 물론 실제로 미술감독이 다른 영화의 소품을 그대로 베꼈을 수도 있고 굳이 따지자면 문제가 될 수도 있다. 그래도 우리는 이 정도로 표절을 운운하지 않는다. 왜냐하면 영화에서 중요한 요소는 내용이나 전개, 영화 장면의 구성 등이지 배우의 장신구는 대개의 경우 중요하지 않기 때문이다. 설계도 마찬가지다.

다음은 한 졸업작품전에서 가장 우수하다는 평가를 받았던 "Another Flow"라는 학생 작품이다. 이 안의 가장 두드러지는 형태적 특징은 공원 전체를 띠로 분할한 것이다. 다음은 1983년 라빌레트 공모전에서 2등을 차지한 안이다. 이 공원 역시 띠로 이루어져 있다. 이 정도면 이 학생 작품은 라빌레트 공모전에서 선보인 띠로 이루어진 공원의 구조를 베꼈다고 해도 할 말이 없다. 그러나 여기서 형태적 유사성은 크게 문제가 되지 않는다. 라빌레트에서 띠는 공원의 정체성을 규정하는 결정적인 전략이었던 반면 "Another Flow"에서 동일한 띠의 구조는 결정적이지 않다. 우선 이 공원의 구조는 띠로만 이루어지지 않는다. 기존 공업단지의 조직이 띠와 결합되어 공원의 새로운 구조적 틀을 제공한다. 또한 공원을 만들어나가는 과정도 띠에 전적으로 의존하지 않는다. 띠는 설계의 다양한 전략 중 하나일 뿐이다.

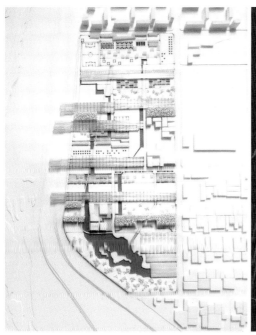
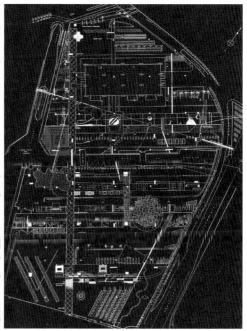

"Another Flow (임농명, 이수현)의 모델   OMA의 라빌레트 공원(Parc La Villette) 설계안

그니고 이 유위이 띠로 구싱되는 이유는 라빈레트와는 전혀 다르다. 다양한 프로그램의 충돌을 유도하기 위한 장치인 라빌레트의 띠와는 달리 "Another Flow"에시 띠는, 서측의 오범된 하수를 정화 상지를 거쳐 동쪽의 강으로 보내기 위한 가장 합리적이며 효율적인 구조이기 때문에 도입되었다. 게다가 띠는 이 안에서 가장 핵심적인 개념도 아니다. 심각한 환경적 문제로만 인식되던 녹조 현상을 에너지원으로 보고, 물을 정화하면서 에너지를 생산할 수 있는 새로운 공원을 만드는 것이 이 안의 녹표이자 주제였다. 대상지의 구조와 기능적인 측면을 고려했을 때 띠가 가장

"Another Flow"의 전략과 이미지

기존 공단의 구조 활용

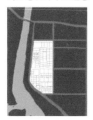  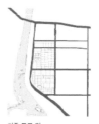 

기존 공단에 형성되어 있던
블록 구조를 활용

블록 구조를 따라 공간을 나눈다.
기존 블록은 점차적으로
공원으로 전환된다.

기존 도로 및
기반 시설을 활용한다.

건물이 들어갈 공간에서는
기존 건물을 재활용한다.

공간 구성: 띠의 구조

   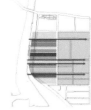

공간의 배치를 띠 형태로 구성한다.
각각의 띠에는 공원 생태 생산의
프로그램이 들어가게 된다.

선형으로 흐르는 공간은
금호강으로의 연결성을
확보하기에 용이하다.

생산의 띠에서는 선형의 형태를 따라
공단 → 강으로 흘러가는
생산의 프로세스가 진행된다.

공원의 공단으로의 확장 가능성

효과적인 형태였을 뿐 동그라미나 세모였어도 큰 상관은 없었다. 결국 띠는 이 안이 추구하고자 하는 목표를 구현하기 위한 수단이었을 뿐 그 자체가 목적은 아니었다.

다음은 삼성이 주최한 공모전에서 입상한 또 다른 학생 작품이다. "Interactive Circle"이라는 제목의 이 작품은 고속도로 교차로 때문에 단절된 서울 최대의 번화가 강남대로와 한강공원을 새롭게 연결하는 선형 공원을 제시하고자 했다. 그런데 이 작품과 겹쳐 보이는 프로젝트가 있을 것이나 그렇나 / 유명한 하이라인High Line이 연상된다. 지상에서 떠 있는 고가 형태의 기반시설을 활용한 새로운 형태의 공원. 이 작품은 하이라인의 이런 구조적인 특징을 표절한 것이 아닌가? 그런 논리라면 하이라인이야말로 1993년 파리에 개장한 프롬나드 플랑테Promenade Plantee의 표절이다.[8] "Interactive Circle"은 하이라인처럼 기존의 기반 시설을 활용한 것이도 비롯했으니, 고가 새로운 풍경에 빗추어 변화하기를 기다리는 하이라인과는 달리 특정한 도시의 공간과 시점들을 연결하기 위한 적극적인 도시설계의 장치다. 이 안이 하이라인과 표면적으로는 유사해 보일 수 있다. 그러나 이 설계가 이루고자 하는 목표와 그 목표에 도달하고자 사용한 전략은 하이라인과는 근본적으로 다르다.

구조적인 문제나 도시적 전략은 그렇다고 치자. 그런데 상세도에서 표현된 포장과 식재의 방식은 분명히 하이라인을 베낀 것이 아닌가? 베꼈다고 하자. 그런데 그것이 중요한가? 이 프로젝트의 핵심은 단절된 도시적 공간의 연결과 공간적인 대안이지 포장과 식재 패턴은 전혀 결정적인

"Interactive Circle"(남상경, 김근우, 박소정)의 이미지

A

B

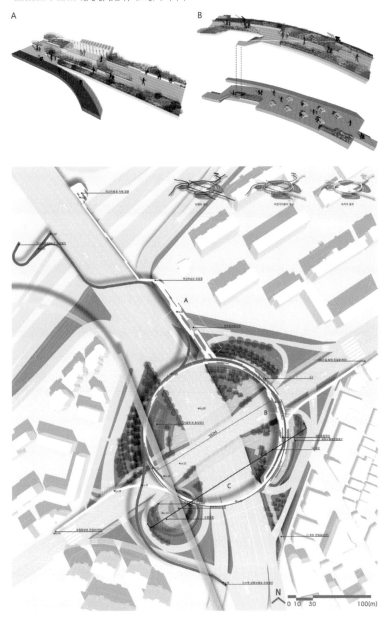

하이라인　　　　　　　　　　　　　　　프롬나드 플랑테

요인이 아니다. 조 상과 식재의 패턴은 표면적인 요소일 뿐이다. 심지어 이를 굳이 상세하게 보여주지 않아도 이 프로젝트에 전혀 영향을 주지 않는다. 이는 마치 여배우의 목걸이와 같은 소품일 뿐이다. 여배우를 빛내기 위해 다른 작품에서 등장하는 남의 목걸이를 빌려 와도 전혀 상관이 없다. 내 실세가 돋보일 수 있다면 남의 장식 정도는 마음껏 빌려 오라. 심지어 남의 작품의 주인공이어도 상관이 없다. 내 작품에서 주연으로 만들면 그 뿐이다. 단 주의할 점은 나의 주인공의 힘이 충분히 강하지 않다면 빌려 온 조연이 주인의 자리를 차지할 수 있다. 그럴 경우에는 시시한 모작이 되어 버릴 위험이 도사린다.

새롭게, 그리고 다르게 베껴라

지금까지 세 가지 베끼기의 주요한 전략을 소개했지만 좋은 설계를 만들어내는 베끼기가 세 가지 방식만 존재하지는 않는다. 수많은 다른 전략들이 있을 수 있으며 나만의 새로운 전략을 만들어 낼 수도 있다. 남의 작품이나 이미 존재하는 공간을 한 번도 베끼지 않은 건축가나 조경가가 있다고 하면 그것은 너무나 뻔한 거짓말이다. 우리가 존경해 마지않는 위대한 작가들도 모두 모방을 통해서 자신의 스타일을 만들어 나갔다.

다만 어떤 이들은 누군가의 영향을 받았다고만 말한다. 반면 어떤 베끼기는 모방과 표절이라고 폄하되며 작가로서의 권위에 치명타를 입히기도 한다. 베끼기는 닮아가는 과정이다. 그런데 역설적으로 좋은 베끼기와 나쁜 베끼기의 차이는 유사성의 정도에 있지 않다. 오히려 그 미묘한 경계는 베끼기를 통해서 어떻게 차이를 새롭게 만들어 내고 해석하느냐에 달려 있다. 그리고 어떻게 유사성을 통해서 차이를 창조해 내느냐가 설계의 창의성을 결정짓기도 한다.

1 ——— 다음을 참조. 요한 요아힘 빈켈만, 민주식 역, 『그리스 미술 모방론』, 이론과실천, 1995.

2 ——— 에른스트 곰브리치, 백승길·이종숭 역, 『서양미술사』, 예경, 1997, pp.117~125.

3 ——— 다음을 참조. L. B. 알베르티, 노성두 역, 『알베르티의 회화론』, 사계절, 1998.

4 ——— William J. R. Curtis, *Modern Architecture since 1900*, Phaidon, 2001, pp.155~159.

5 ——— 몬드리안(Piet Mondrian)은 그 자신이 데 스틸 운동의 핵심적인 인물이었다. 화가였던 반 두스부르흐(Theo van Doesburg)는 1912년 네덜란드의 전시회에서 몬드리안을 만나 데 스틸을 구상한다. 이후 반 두스부르흐는 뜻을 함께하는 동료들과 함께 1917년 『데 스틸』이라는 제호의 잡지를 출간한다. 『데 스틸』의 창간호에는 몬드리안이 명명한 신조형주의(Neo-Plasticism)에 대한 글이 실리고 이후 데 스틸은 신조형주의로 불리기도 한다. 데 스틸의 주창자는 반 두스부르흐였지만 실질적으로 이론적·실천적 틀을 제시한 인물은 몬드리안으로 볼 수 있다.

6 ——— 『타임』의 예술비평가였던 휴스(Robert Hughes)는 이 작품에 대해 다음과 같이 비판적으로 말하고 있다. "이것은 기구가 아니라 조각이다. 즉 이 의자의 디자인은 반 두스부르흐와 몬드리안 회화의 특징이었던 원색과 사각형의 평면성을 입체에서 어느 정도 구현해 본 것에 불과하다." 로버트 휴스, 최기득 역, 『새로움의 충격: 모더니즘의 도전과 환상』, 미진사, 1993, p.187.

7 ——— 워커는 자신의 작품집에 실린 에세이 "Classicism, Modernism, and Minimalism in the Landscape"에서 자신의 작품 세계와 미니멀리즘 미술의 관련성을 자세히 설명하고 있다. Peter Walker, *Minimalist Gardens*, Spacemaker, 1997, pp.17~23.

8 ——— 프롬나드 플랑테는 파리 12구역에 위치한 선형 공원이다. 이 공원의 대상지는 1859년부터 1969년까지 사용되던 4.7km에 달하는 고가 철도였다. 1993년 새롭게 공원으로 개장한 프롬나드 플랑테는 뉴욕 하이라인 프로젝트의 선례가 되었으며 시카고 시도 4.2km에 달하는 블루밍데일 트레일(Bloomingdale Trail)을 유사한 선형 공원으로 계획 중이다. 다음을 참조. Steven L. Cantor, "Promenade Plantee and the High Line", *Landscape Architecture* 99(10), 2009.

09

꿈꾸기

몽상가의 좌절

지나가는 애들마다 어깨를 쳐주며 힘내라는 말을 건네는 것을 보면 이번 발표는 어지간히도 망친 듯하다. 선생님들로부터 내 설계는 개념에서 작은 디테일까지 철저하게 비현실적이라는 비판을 들었다. 기능적인 문제를 간과한 과오는 인정할 수 있다. 하지만 계단 칸 수나 난간 높이가 법적 기준에 맞지 않는다는 꼼꼼한 지적을 하는 것은 너무하다 싶다. 아무리 설계의 궁극적인 목표가 공간을 실제로 구현하는 데 있다 해도 현실의 모든 제약을 고려한 설계가 좋은 설계라는 견해에는 동의하기 어렵다. 현실에 맞추어 설계안을 좋게 만들어 나가기보다 오히려 좋은 설계안이 실현될 수 있도록 법규를 바꾸고 새로운 기술을 개발하는 것도 한 방법이지 않을까? 어릴 적 나는 화성에 숲을 만들 수 있다고 생각했고 하늘을 나는 성이 존재한다고 믿었다. 그 누구도 본 적이 없는 그런 공간을 만들고 싶었기 때문에 조경을 선택했고 설계를 시작했다. 예전에 했던 상상을 꼬맹이의 스케치북에 남겨둔 채 디자이너를 꿈꾸는 내가 해야 할 일은 정말 기사 시험을 위한 도면을 그리고 지식을 외우는 것일까?

신들의 풍경

넓은 잔디밭과 그 주변으로 흩어져 있는 큰 나무들, 호숫가를 따라 부드럽게 이어지는 산책로. 공원하면 떠오르는 전형적인 이미지다. 미국의 센트럴 파크도, 한국의 올림픽공원도, 심지어 이름도 생소한 낯선 나라의 공원에서도 똑같은 장면이 연출된다. 그런데 공원은 이래야한다는 고정 관념을 잠시 잊을 수 있다면, 식상할 정도로 익숙해진 이 풍경이 여느 다른 곳에서는 찾아볼 수 없는 독특한 경관이라는 사실을 깨닫게 될 것이다.

오늘날 대부분의 공원은 영국의 풍경화식 정원 양식picturesque garden을 원형으로 삼는다. 물론 지난 두 세기 동안 공원의 모습도 많이 바뀌어 왔지만 중요한 골격은 여전히 풍경화식 정원 양식에서 크게 벗어나지 않는다. 그도 그럴 것이 서구의 대표적인 공원이 조성된 19세기는 풍경화식 정원이 영국뿐만 아니라 유럽 거의 모든 나라의 조경 양식을 지배하던 시대였다. 근대적인 도시 공원의 개념을 새롭게 정립한 옴스테드Frederick Law Olmsted도 당시 저명한 영국의 정원과 공원의 양식을 센트럴 파크에 적용했을 정도였으니,[1] 영국 귀족의 영지를 꾸미기 위해 만들어진 풍경화식 정원이 훗날 시민 사회를 대표하는 공원의 양식이 된 사실이 이상하지만도 않다. 그런데 자연스러운 풍경의 대명사가 되어버린 풍경화식 정원의 모습이 원래는 상상 속에서만 존재하던 풍경이라는 사실을 아는 이는 많지 않다.

18세기 영국의 귀족 사이에서는 인문학적 소양을 높이기 위해 프랑스나 이탈리아의 여러 도시를 여행하는 '그랜드 투어Grand Tour'가 유행했다. 이때 영국인들은 단순히 유럽의 아름다운 자연의 모습을 감상하고 이국적인 문화를 즐기고자 여행을 떠난 것이 아니었다. 그들은 이탈리아의 풍경 속에서 르네상스 시기의 고전 문학, 고대의 신화, 로마의 역사적 자취를 읽어내고자 했다. 니콜라스 푸생Nicolas Poussin과 클로드 로랭Claude Lorrain과 같은 풍경화가는 이러한 문화적 경관을 회화로 표현하고자 했다. 푸생과

니콜라스 푸생의 풍경화
(Landscape with the Burial of Phocion, 1648)

클로드 로랭의 풍경화
(Landscape with Aeneas at Delos, 1672)

클로드의 작품을 언뜻 보면 이탈리아 전원의 모습을 그대로 묘사한 그림 같지만 실제로 그렇지 않다. 푸생의 풍경화에서는 자연의 묘사가 그림의 목적이 아니다. 자연은 서사적 이야기를 설명하기 위한 알레고리적 매체일 뿐이다. 클로드의 경우, 로마 근교의 실경을 직접 야외에서 스케치하곤 했는데 이 스케치가 그대로 작품이 되는 일은 없었다. 더 나아가 클로드는 이런 스케치를 스튜디오에서 재구성하여 로마의 역사적 사건이나 그리스 신화의 이야기를 재현하는 풍경을 그렸다. 그의 화법은 후대의 풍경화가처럼 사실적인 묘사를 중시하기보다는 오히려 무대 연출의 방식을 응용하고 있는 것이다.[2] 이렇게 푸생과 클로드의 풍경화에 등장하는 목가적 전원은 자연 그대로의 모습이 아닌 철저하게 문학적 내용에 맞추어 재구성되고 연출된 풍경이었다.

　푸생과 클로드의 풍경화는 영국인의 자연관에 큰 영향을 미쳤고, 영국에서는 이상주의 풍경화에서나 찾아볼 수 있던 아르카디아^{Arcadia(목가적}

^{이상향}의 모습을 현실 속에서 구현하려는 시도가 이어졌다.[3] 영국의 풍경 화식 정원은 이렇게 탄생하게 된다. 풍경화식 정원이 고전적 문화를 경관에 담기 위한 상상 속의 공간이었다는 증거는 곳곳에서 나타난다. 당시 풍경화식 정원 양식을 정립한 주요한 인물들은 정원을 풍경화나 문학의 자매 예술로 높이 평가했고, 실제 새로운 정원 이론의 많은 부분은 당대의 미술과 문학에 관련된 논의에서 건너왔다.[4] 예를 들어 스토^{Stowe}와 라우샴^{Rousham}, 에셔^{Esher}와 같은 저명한 풍경화식 정원에서는 그리스나 로마의 유적을 연상시키는 사원과 첨탑이 곳곳에 배치되는데, 이는 푸생과 클로드의 풍경화에 나타나는 연출 방식과 거의 동일하다. 또 당대 최고의 조경가였던 윌리엄 켄트^{William Kent}가 설계한 정원의 경험은 정해진 동선을 따라 건축물이나 시설물에서 고전 문학의 에피소드를 읽어내는 방식으로 구성된다.[5] 스타우어헤드^{Stourhead} 정원의 경우, 주요 공간은 베르길리우스의 서사시인 아이네이스의 이야기에 따라 연출된다. 이처럼 영국의 풍경화식 정원은 '회화화된 자연^{nature pictorialized}'이었고,[6] 이 때 정원을 통해 표현하고자 한 풍경은 전원의 사실적 묘사가 아니라 신들의 전원, 즉 현실에서는 존재하지 않는 이상향의 재현이었다.

실현되지 않은 도시

18세기 영국의 조경가만이 상상 속의 경관을 현실로 구현하고자 했던 것은 아니다. 20세기 최고의 건축가 르코르뷔지에^{Le Corbusier}는 당시에는 존재한 적 없는 새로운 형태의 이상 도시를 꿈꾸었고 평생 이를 실현시키고자 끊임없이 노력했다. 1922년 르코르뷔지에는 "현대 도시Ville Contemporaine"라는 계획안을 통해 그의 도시적 이상향을 처음 제시한다. 이 가상의 도시는 건축사가 에벤슨Norma Evenson의 말처럼 지금까지의 도시 구조와는 전혀 다른 "대담하고 설득력 있는 멋진 신세계의 비전"을 보여주고자 했다.[7] 그의 도시는 지난 세대의 혁명가가 꿈꾸었던 그 어느 도시보다도 과격했다. 183m에 달하는 스물네 개의 유리 마천루가 도시 중앙에 세워진다. 그리고 일반 시민은 각기 다른 공원을 중정으로 갖는 거대한 아파트에서 살아간다.[8] 이 도시의 모든 건물과 도로는 필로티로 떠있어 도시의 지상부 전체가 보행자를 위한 거대한 공원이 된다. 그리드로 이루어진 이 도시는 기술과 자연이 하나의 질서 안에서 움직이는 기계화된 근대 문명의 표상이자 결과물이었다.

1925년 르코르뷔지에는 한 자동차 회사의 지원을 받아 이 계획안을 실제로 파리에 실현시키고자 한다. 이것이 바로 "브와쟁 계획Plan Voisin"이다. 센 강 북쪽의 파리 중심부를 완전히 철거하고 마천루로 이루어진 새로운 도시를 만들려던 이 제안은 수많은 논쟁거리를 남긴 채 이루어지지 못한다. 그 이후 1935년 그그그에게에는 과거의 안을 보완하여 발전시킨 새로운 계획안을 선보인다. "빛나는 도시La Ville Radieuse"라는 이름의 도시는 과거 그가 꿈꿔오던 이상적인 도시의 청사진을 그대로 이어가고 있다. 하지만 경제적, 사회적 지위에 따라 도시의 구역이 분리되었던 과거 계획안과는 달리 공간상의 차별은 사라지고 평등한 공동체만이 존재한다. 새로운 이상 도시는 사람의 모양을 닮았다. 그리고 사람을 닮은 도시에서는

르코르뷔지에(Le Corbusier)의
"현대 도시(Ville Contemporaine)"의 조감도

"브와쟁 계획(Plan Voisin)"의
모형

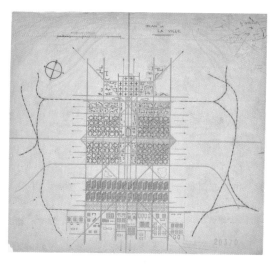

"빛나는 도시(La Ville Radieuse)"의
평면도

모든 시민들이 차별 없이 녹음 안에서 맑은 공기와 햇빛을 마음껏 누리
며 건강하게 살아간다.

르코르뷔지에가 빛나는 도시를 발표했을 무렵 대서양 건너편의 미국
에서는 또 다른 모더니즘 건축의 거장 프랭크 로이드 라이트 Frank Lloyd Wright
가 새로운 도시의 모델을 제시한다. 라이트의 "브로드에이커 시티 Broadacre
City"는 우리가 알고 있는 도시의 상식에서 상당히 벗어나 있다. 도시라고
부르기에 어색할 정도로 모든 공간이 저밀도로 흩어져 있는 이 도시는
오히려 전원에 더 가까워 보인다. 가장 보수적이면서도 급진적인 이상 도
시는 건축적으로 혁명적인 형태를 제시했을 뿐 아니라 강력한 사회적, 정
치적 메시지를 담고 있다. 르코르뷔지에와 마찬가지로 라이트는 과학에
기반을 둔 새로운 기계 문명의 가능성을 의심치 않았다. 라이트에게 전통
적인 고밀도의 도시는 차별이 만연한 사회 구조를 반영하는 구시대의 유
물이었다. 그는 통신과 교통, 기술의 발전에 따라 건강, 이 사회의 고밀도
도시 구조는 해체되고 새 사회의 새것이 가장 민주적으로 설계될 수 있
는 새로운 도시가 미국에서 건설될 것이라고 예견한다. 미국의 모든 가정
에 1에이커, 약 1,200평의 부지를 나누어줌으로써 탄생한 브로드에이커
시티는 미국적 이상에 가장 가까운 도시다.[9]

빛나는 도시와 브로드에이커 시티를 발표했을 당시, 이 두 거장은 건
축가로서 전성기에 있었다. 그들이 설계한 건물이 새로 지어질 때마다 모
더니즘 건축의 새로운 이정표가 제시되었고, 모든 건축주는 그들과 함께
일하고 싶어 했다. 그런데 왜 그들의 이상을 반영한 수많은 건물을 지었

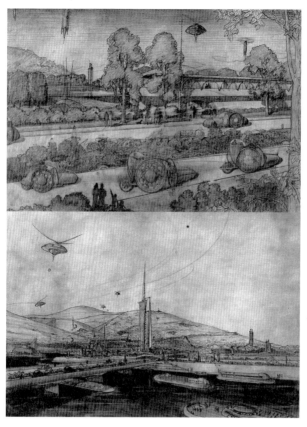

프랭크 로이드 라이트(Frank Lloyd Wright)의
"브로드에이커 시티(Broadacre City)"의 모형

"브로드에이커 시티(Broadacre City)"의
스케치

09. 꿈꾸기

음에도 불구하고 그들은 또 다시 실현을 보장할 수 없는 이상 도시 설계에 매달렸던 것일까? 두 건축가 모두 설계의 궁극적 목적은 아름다운 건축물을 디자인하는 데 있다고 보지 않았다. 그들은 건축은 단위 건물을 넘어 모든 사람을 행복하게 만들 수단이 되어야 한다고 믿었고 그러기 위해서는 궁극적으로 건축은 사회를 변화시켜야 한다고 생각했다. 설령 이루어질 수 없는 몽상에서 끝날지라도 그들의 건축의 끝에는 보편적인 이상이 있었고 그들은 설계를 통해서 그 이상을 끊임없이 실현시키고자 노력했다.

1956년 르코르뷔지에는 인도 펀잡^{Punjab}에 그의 첫 도시 찬디가르^{Chandigarh}를 짓는다. 그리고 그의 이상 도시 모델을 수용한 다음 세대의 건축가들에 의해 "빛나는 도시"와 닮은 도시들이 전 세계에 만들어진다.[10] 라이트의 브로드에이커 시티는 결국 실현되지 못하고 계획안으로 남게 된다. 제2차 세계대전 이후 자동차가 보급되고 미국의 경제가 유래 없는 호황을 누리게 되면서 미국의 도시는 급속하게 교외로 확산된다. 1990년대에 이르게 되면 라이트의 예언처럼 미국 대부분이 도시에서 고밀도의 고전적인 중심지는 붕괴된다. 비행기에서 바라본 오늘날 미국의 도시는 80년 전 라이트가 상상한 저밀도의 전원도시와 너무나도 닮아 있다.

가능세계

설계의 목적이 반드시 현실에 그 구상을 실현시키는 데 있지는 않다. 오히려 현실의 제약에서 벗어날 때 설계가 보여줄 수 있는 극한의 가능성을 발견하기도 한다. 1960년대 활동한 영국의 건축가 그룹 아키그램 Archigram의 작업은 오늘날까지도 역사상 가장 급진적이고 혁신적인 작품들로 평가받는다. 아키그램이라고 해서 언제나 비현실적인 작품만을 선보인 것은 아니었다.[11] 그러나 당시 건축계를 충격에 빠뜨린 아키그램의 중요한 작업은 애초부터 실현의 가능성을 배제하고 있다. 그들은 분명 과거의 모든 건축가의 환상을 뛰어넘는 새로운 건축을 지향하고 있었다. 현실은 그들의 설계가 공상과학 영화와 구별되는 건축 작품일 수 있게 해주는 최소한의 설정이었다.

아키그램의 건축가 피터 쿡Peter Cook은 1962년부터 1964년까지 "플러그-인-시티Plug-in-City"라는 급진적 도시를 구상한다. 이 도시는 거대한 구조물에 삽입되는 단위 공간으로 이루어진다. 도시의 틀을 형성하는 구조물은 일종의 기반시설이다. 그런데 플러그-인-시티의 기반시설은 우리가 알고 있는 도시의 여느 기반시설과는 전혀 다르다. 도시는 모노레일로 연결되며, 심지어는 수륙양용 이동 장치인 호버크래프트hovercraft가 건물에 장착되어 직접 이동하기 때문에 자동차 도로망조차 필요 없다. 이 도시에서 가장 중요한 기반시설은 곳곳에 설치된 대형 크레인이다. 플러그-인이라는 이름처럼 도시는 거대한 크레인을 사용하여 필요에 따라 건축적 단위 공간을 도시 구조물에 삽입해 나가며 무한히 증식한다.[12]

그런데 플러그-인-시티를 구성하는 단위 공간을 건축물이라고 부를 수 있는지도 모호하다. 리빙 포드Living Pod라고 불리는 단위 공간은 주거라기보다는 생활을 위한 기계 장치의 집합체에 가깝다. 그 어떠한 기존의

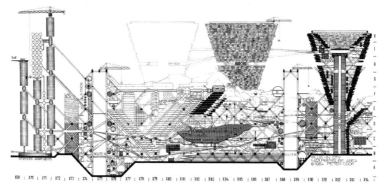

아키그램의 건축가 피터 쿡(Peter Cook)의 "플러그-인-시티(Plug-in-City)"

건축적 요소로도 구성되지 않은 이 도시는 심지어는 지리적 한계도 갖지 않는다. 쿡은 비다를 가로질러 유럽 대륙에서 스코틀랜드까지를 잇는 플러그-인-시티를 제안한다.[13] 론 헤론Ron Herron은 플러그-인-시티의 개념에서 한 단계 더 나아간다. 헤론의 "워킹 시티Walking City"는 말 그대로 움직이는 도시다. 워킹 시티는 뉴욕의 맨해튼을 배회하며 바다를 건너가기도 한다. 아키그램의 도시에서 건축과 공간에 대한 모든 기제의 선입견은 완벽히 파괴된다.

아키그램의 그 어떠한 설계안도 실현되지 못했다. 하지만 흥미롭게도 같은 시기에 지구 반대편인 일본에서 아키그램과 유사한 개념의 건축을 제안한 건축가들이 있었으며, 그들은 실제로 이를 실현시켰다.[14] 이 일본 건축가 집단은 스스로를 메타볼리스트Metabolist라고 불렀다. 키쿠타케Kiyonori Kikutake가 1970년 설계한 오사카 엑스포 타워Osaka Expo Tower는 쿡이 1967년 몬트리올 엑스포에 제안한 타워와 개념뿐 아니라 형태까지도 유사하다. 메타볼리즘의 가장 대표적인 건물인 쿠로카와Kisho Kurokawa의 나카긴 캡슐 타워^{Nakagin Capsule Tower}는 주거 공간인 140개의 캡슐을 건축적 구조물 역할을 하는 코어에 삽입하여 만들어진다. 이 캡슐은 아키그램에서 제시한 리빙 포드처럼 단위 주거라기보다는 주거를 위한 기계 장치다. 1972년 완공된 이 건물은 아키그램이 제시한 플러그-인-시티의 한 부분이라고 해도 이상하지 않을 만큼 동일한 건축 개념을 공유한다. 아키그램의 세계와 메타볼리즘의 세계는 라이프니츠의 가능세계나 양자물리학의 평행 우주처럼 닮아 있다. 차이가 있다면 한 세계는 실현되지 않은 가능태로만 남아 있고 다른 세계는 실현된 현실태^{現實態}라는 점이다. 그 차이는 어디에서 나왔을까?

메타볼리스트였던 아라타 이소자키^{Arata Isozaki}는 그 차이점을 다음과

키쿠타케(Kiyonori Kikutake)가 설계한
오사카 엑스포 타워(Osaka Expo Tower)

메타볼리즘의 가장 대표적인 건물인
쿠로카와(Kisho Kurokawa)의
나카긴 캡슐 타워(Nakagin Capsule Tower)

피터 쿡(Peter Cook)이 그라츠에 완성한 쿤스트하우스(Kunsthaus)

같이 말하고 있다. "모든 가치가 전복되었을 때, 아키그램은 새로운 가치
와 문법을 세웠고, 독립적인 하위문화의 가능성을 제시했다. 일본의 메
타볼리즘은 저항적 문화의 가치를 발견해야 할 필요성을 망각하고 있었
다."[15] 견규 권추 시 니 기깅 힉긴긱인 두 유식위의 사이느 상상버의 지향
섬에 있었다. 빠르게 싱장하는 일본의 성제 구조에 적합한 새루우 거추
의 논리를 구축하려던 메타볼리즘은 혀실이 되었다. 반면 새로움을 상실
케끼느 무이더픔 신구늘 선뉘하고 뺀내 모디니늠이 꿈꾸었던 유토피아
를 재건하려 했던 아키그램은 완성되지 못한 혁명으로 남았다. 어떤 설
계가 더 바람직한지는 개개인의 가치 판단에 따라 다를 것이다. 그러나
분명 아키그램의 무모함이 남긴 성과는 작지만은 않다. 단 한 번도 아이
디어를 현실화시키지 못했던 피터 쿡은 2003년 67세의 나이에 처음으로
아키그램의 꿈이 담긴 건물을 오스트리아 그라츠Graz에 완성시킨다.[16]

예지몽

뉴욕현대미술관에 가보면 어느 건축학과 학생의 졸업 작품이 컬렉션에 보관되어 있다. 아무리 디자인에 대한 평가가 주관적이라고 해도 이 작품의 설계는 너무 성의 없어 보인다. 대부분의 건축물은 육면체에서 크게 벗어나지 못하며 배치도 병렬적이다. 콜라주 형태로 제안된 상자 같은 건물의 내부는 온통 포르노 사진으로 도배되어 있다. 조감도와 평면도를 보면 다시 한 번 기괴한 스케일에 충격을 받게 된다. 런던의 한가운데를 거대한 구조물이 도시의 맥락을 완전히 무시하면서 관통하고 있다. 그리고 그 구조물 안에는 기존의 도시는 물론 서로 전혀 연결이 되지 않는 이질적인 공간들로 채워져 있다. 낙제 점수를 받아도 억울할 것 같지 않은 이런 설계가 어떻게 뉴욕현대미술관에 걸려 있을까?

"대탈출, 혹은 건축의 자발적 죄수들Exodus, or the voluntary prisoners of architecture"
이라는 괴상한 제목의 설계안의 내용은 건축적 디자인보다 훨씬 충격적이다. 도시는 두 부분으로 나누어져 있다. 좋은 도시와 나쁜 도시. 나쁜 도시의 주민은 좋은 도시로 대탈출을 시도한다. 이대로라면 좋은 도시의 인구는 급증하고 나쁜 도시는 폐허가 될 것이다. 정부는 이러한 사태를 막고자 극단적인 조치를 내린다. 좋은 도시를 거대한 벽으로 둘러싸고 나쁜 도시로부터 영구히 격리시킨 것이다. 얼핏 보면 런던을 관통하는 거대한 벽의 내부가 격리된 나쁜 도시처럼 보인다. 하지만 실상은 수용소처럼 보이는 쪽이 좋은 도시이고 격리된 나쁜 도시는 기존의 런던이다. 좋은 도시에서 살아가려면 새로운 시민으로서 재탄생하는 일련의 교육을 받아야 한다. 여기서 건축은 좋은 시민을 만들기 위한 공간적 장치 그 이상도 이하도 아니다. 모든 과정을 거친 좋은 시민은 그 어떠한 혼란도 없는 평화롭고 아름다운 공간에서 살아간다. 신문도 없고 라디오도 나오지 않는 이곳에서는 아무 일도 일어나지 않는다. 외부로부터 완전히 차단된 좋은 도시의 시민들은 자발적 죄수들이다.

28살의 대학원생이 설계하고자 한 대상은 건축도 공산노 아니다. 아니, 어쩌면 이 설계는 건축과 공간의 개념 자체를 바꾸려는 시도였을지도 모른다. 여기서 설계는 공지을 구현하기 위한 그념이 아니, 공간적 그림으로 표현된 신언이 된다. 낭연히 이 설계의 지향점은 현실 속의 공간이 아니다. 하지만 르코르뷔지에의 이상 도시처럼 실현될 수 있지만 실현되지 않은 상상도 아니며, 실현될 의도가 없는 공간에 대한 디자인도 아니다. 이 학생이 그린 대상은 디스토피아로 표현된 가상의 사회, 혹은 이미 현실에 도래했을시노 노 드는 사회의 단면이다. 렘 콜하스Rem Koolhaas라는 학생은 훗날 세계에서 가장 유명한 건축가가 된다.

렘 콜하스(Rem Koolhaas)의 졸업 기작인
내날물, 혹은 건축의 자발적 죄수들(Exodus, or the voluntary prisoners of architecture)"

이러한 상상은 세기가 낳은 천재만의 전유물이 아니다. 다음은 서울에서 열린 여름건축학교에서 학생들이 선생님과 함께 만든 작품이다. 한강의 노들섬이 대상지로 주어진 이번 건축학교에서 이 팀은 노들섬을 중심으로 한강 일대에 새로운 공화국을 건설하는 안을 제안한다. 네 개의 섬과 열한 개의 고수부지, 그리고 한강을 영토로 갖는 새로운 국가의 인구는 약 3,300명이다. 공화국의 주민은 대부분 수상 건축물에서 거주하며 이 건축물은 수면을 부유하고 있기 때문에 고정되어 있지 않다. 따라서 공화국에서 공간은 요구나 강의 흐름에 따라 유동적으로 변화하며 새로운 도시 구조를 만들어낸다. 모든 공간이 해수면 상승이나 홍수에 영향을 받지 않는 이 공화국은 기후 변화에 최적화 된 국가다.

당연히 이 공화국은 상상 속에서만 존재한다. 그리고 실현될 가능성도 없다. 콜하스의 작품처럼 이 설계가 지향하는 목표 역시 특정한 공간의 형태나 기능의 구현에 있지 않다. 오히려 여기서 설계의 지향점은 상상력 그 자체다. 하지만 노들공화국이라는 상상력이 제시하는 바는 공허

노들공화국의 부유 건축물

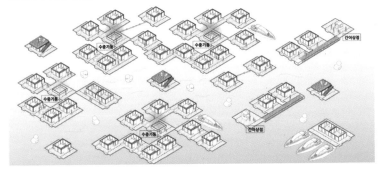

하지는 않다. 상상을 통해 우리는 당면한 현실의 여러 문제에 대해 다시 생각해보게 되는 것이다. 환경 파괴, 강남과 강북의 경제적·문화적 차이, 세대별로 첨예하게 분리된 정치적 견해, 고정된 도시의 구조. 가끔은 현실에서 벗어날 때 비로소 현실이 제대로 보이기도 한다.

꿈꾸는 자

흔히들 설계 분야에서는 천재가 나올 수 없다고 말한다. 이는 그 어느 분야보다 설계에서 성숙이 중요하다는 것을 의미한다. 그러나 미숙한 학생이나 젊은 작가가 경험이 풍부한 선배나 심지어는 대가를 능가할 수 있는 부분이 있다. 그것은 바로 무모함과 상상력이다. 경험이 부족하다는 것, 현실을 제대로 모른다는 것은 분명 약점이다. 그러나 그것은 최대의 강점이기도 하다. 경험이 없으므로, 현실을 모르므로 누구도 상상하지 못한 설계를 할 수 있다. 꿈을 꾼다는 것은 젊은 세대의 권리다. 그리고 동시에 그것은 시대가 그대에게 요구하는 의무다.

현실이 상상력을 얽매어버리기 전에 마음껏 꿈을 꾸어라. 설계가는 젊은 시절의 꿈을 평생 동안 실현시키게 된다. 현실의 덫에 일찌감치 걸려버린 이는 그 덫에서 벗어나기 위해 많은 시간을 허비할 것이며, 그 누구도 꾸어보지 못한 꿈을 꾼 사람은 이후에 누구도 생각해보지 못한 공간을 현실화할 것이다. 혹시 누군가 그대의 무모함을 비난한다면, 현실을 모른다고 호통 친다면 그를 동정해라. 왜냐하면 그는 이제 더 이상 무모할 수 없는, 늘 같은 일상만을 꿈꾸는 지루해져버린 존재이기 때문이다.

1 ——— Norman T. Newton, *Design on the Land, The Development of Landscape Architecture*, Cambridge: Harvard University Press, 1971, p.270.

2 ——— 황주영, 『18세기 영국 정원의 풍경화적 속성에 관한 연구』, 이화여자대학교 대학원 석사학위논문, 2006, pp.80~81.

3 ——— 다음을 참조. Elizabeth W. Manwaring, *Italian Landscape in Eighteenth Century England*, New York: Oxford University Press, 1925.

4 ——— 다음을 참조. John Dixon Hunt and Peter Willis eds., *The Genius of the Place: The English Landscape Garden, 1620~1820*, Cambridge: The MIT Press, 1988.

5 ——— John Dixon Hunt and Janet Waymark, *The Picturesque Garden in Europe*, Thames & Hudson, 2002, pp.26~59.

6 ——— Gina Crandell, *Nature Pictorialized: The View in Landscape History*, Baltimore: The Johns Hopkins University Press, 1993.

7 ——— Norma Evenson, *Le Corbusier: The Machine and the Grand Design(Planning & Cities)*, New York: George Braziller, 1969, p.7.

8 ——— William, J. R. Curtis, *Le Crobusier: Ideas and Forms*, New York: Rizzoli, 1986, pp.60~70.

9 ——— William, J. R. Curtis, *Modern Architecture since 1900*, New York: Phaidon, New York, 2001, p.316.

10   르코르뷔지에의 도시적 논의는 모더니즘 건축가들의 모임인 CIAM에서 중점적으로 다루어진다. 르코르뷔지에의 도시 모델의 원칙은 전 세계의 여러 나라에 적용되었으나 이들이 성공적이었는지는 여전히 많은 논쟁이 있다.

11   아키그램의 건축이라고 볼 수 있을지는 논란의 여지가 있지만 아키그램의 건축가였던 워렌 척(Warren Chalk), 론 헤론(Ron Herron), 데니스 크롬프톤(Dennis Crompton)의 사우스 뱅크 아트 센터(South Bank Arts Centre)와 같은 작품을 짓기도 했으며, 1961년 링컨 센터(Lincoln Civic Center) 설계 경기안이나 1962년 리버풀 대학교(Liverpool University)의 주거동 설계공모안은 상당히 현실적인 접근을 보여주고 있다.

12   Simon Sadler, *Archigram: Architecture without Architecture*, Cambridge: The MIT Press, 2005, pp.14~20.

13   Peter Cook, *Archigram*, New York: Princeton Architectural Press, 1999, pp.40~41.

14   아키그램과 메타볼리즘은 공식적으로는 독립적으로 형성된 건축적 움직임이다. 그러나 이 두 그룹은 서로의 작업에 영향을 받았으며 서로의 공통점을 인식하고 교류하기도 했다.

15   Peter Cook, 앞의 책, p.4.

16   다음을 참고. Liane LeFaivre, "Peter Cook's and Colin Fournier's perkily animistic kunsthaus in Graz", *Architectural Record*, Vol. 192, 2004, pp.92~98.

10

유치해지기

유치한 녀석

오늘 함께 작업을 하는 녀석과 크게 싸웠다. 처음 녀석과 같은 조가 되었을 때는 행운이라고 생각했다. 좀 거만한 편이기는 했지만 세련된 감각과 손재주로 설계 시간만큼은 탁월한 능력을 발휘하던 녀석이기 때문이다. 그런데 오늘 그 녀석이 내가 열심히 고민한 설계안을 다 듣고 나서 한마디를 던졌다. "유치한 녀석."

내 설계에 직설적인 디자인 모티브가 많은 것은 인정한다. 고래 분수, 코끼리 놀이터, 꽃무늬 포장. 솔직히 말하자면 나는 복잡한 설계 이론은 잘 모른다. 최신 외국 사례를 열심히 들여다 본 적도 없다. 하지만 좋은 디자인이라고 해서 꼭 유럽에서 건너온 듯 세련되어야 하고 어려운 개념을 통해서 설명되어야 하는 걸까? 나는 좋은 설계란 여든이 넘으신 우리 할머니도 쉽게 이해하고 즐겁게 이용할 수 있는 공간을 만드는 것이라고 생각한다. 내 생각이 틀린 것일까? 아니면 그 녀석의 비아냥거림처럼 그냥 내 설계 능력이 유치한 수준인 걸까?

라스베이거스의 교훈

1968년 가을, 벤츄리Robert Venturi는 학교 스튜디오의 일환으로 학생들과 라스베이거스Las Vegas로 향한다. 이후 수업의 결과는 책으로 출판되어 건축계에 엄청난 파장을 일으킨다. 당시 라스베이거스는 건축적으로 아무도 관심을 갖지 않는 도시였다. 학계는 물론이고 건축가들도 모두 라스베이거스를 상업자본주의가 만들어낸 유치함과 천박함의 표상으로 여겼다.

벤츄리는 가난한 욕망을 위한 잡동사니의 총체인 라스베이거스에서 어떠한 교훈을 찾고 싶었던 것일까? 다음은 벤츄리의 말이다.

"하나는 비너스 동상 옆의 에이비스Avis 상표, 또 다른 하나는 그리스 신전 모양 지붕 아래 있는 쉘Shell 주유소 간판과 잭 베니Jack Benny 사진, 혹은 수백억 원짜리 카지노 옆의 주유소. 이들은 내포의 건축Architecture of Inclusion이 선사한 생기를 보여주며, 우아함과 총체적인 디자인에 과도하게 사로잡힌 무기력함과 대비된다."[1]

벤츄리는 라스베이거스를 통해서 당시 건축계를 지배하고 있던 모더니즘 건축을 신랄하게 비판한다. 모더니즘 건축의 업적을 부정하지는 않겠다. 그런데 생각해보자. 모더니즘은 19세기 말 대량 생산을 바탕으로 한 성기자본주의 문화에 기반을 두고 형성되었다. 20세기 중반, 바야흐로 대량 생산의 시대는 가고 대량 소비를 지향하는 후기자본주의가 도래했다. 그런데 여전히 모더니즘은 시대적 흐름과 괴리된 채 50년 전의 주장만을 되풀이한다. 현대 예술의 현주소를 살펴보자. 몬드리안, 칸딘스키로 대표되는 추상과 아방가르드의 시대는 오래전에 막을 내리고 앤디 워홀Andy Warhol, 로이 리헨슈타인Roy Lichtenstein과 같은 작가가 새로운 양식의 예술을 주도하고 있다. 현대 건축의 방향을 제대로 지시하고 있는 대상은 모더니즘의 후예들이 이끌고 있는 엘리트 건축이 아니라 라스베이거스의 잡동사니인 것이다.

그렇다고 벤츄리가 현대 건축이 라스베이거스를 지향해야 한다고 주장하지는 않는다. 교훈은 지침이 될 만한 가르침일 뿐 정답은 아니다. 벤츄리는 "추하고 평범한 건축Ugly and Ordinary Architecture"이라는 비평문에서 당대 최고의 모더니스트였던 루돌프Paul Rudolph의 크로포드 매너Crawford Manor와 자신이 설계한 길드 하우스Guild House를 비교한다.[2] 그는 크로포드 매너를 영웅적이고 독창적Heroic and Original이라고 추켜세움과 동시에 길드 하우스를 추하고 평범하다고 깎아내린다.[3] 얼핏 들으면 선배에 대한 살신성인의 사죄를 동반한 아부처럼 들리지만 이 칭찬과 비판은 곧 역진된다.

모더니즘 건축은 'Less is more'라는 유명한 모토처럼 모든 장식을 건축에서 배제한 기능적인 미학을 추구했다. 20세기 초 모더니스트들은 자신들이 과거의 모든 건축 양식을 파기했고 새로운 건축을 추구한다고 믿어 의심치 않았다. 그런데 벤츄리는 이것이 대단한 착각이라고 말하고 있다. 실상 그들도 당시 교량이나 구조물에서 나타난 산업 시대의 양식을

폴 루돌프(Paul Rudolph)이
크로포드 매너(Crawford Manor)

로버트 벤츄리(Robert Venturi)의
길드 하우스(Guild House)

모방했으며 그들이 모델로 삼은 기능적 구조물에서조차 장식은 여전히 유효하다는 것이다.

벤츄리는 구차한 장식 없이 구조적인 완결성을 구현한 듯 보이는 크로포드 매너의 외관이 가식임을 밝힌다. 영웅적인 독창성은 이미지에 불과할 뿐 실제 크로포드 매너에서 사용된 공법과 구조는 고전적이고 평범하다. 결국 크로포드 매너는 스스로 아방가르드 건축처럼 보이기 위한 장식, 그 이상도 그 이하도 아니다. 반면 길드 하우스는 의도적으로 건축에 장식을 다시 도입한다. 길드 하우스에서는 일상적으로 늘 마주치는 건축적 요소들을 볼 수 있다. 동네 대부분의 건물들처럼 벽돌로 만들어진 길드 하우스는 얼핏 보기에 별다른 특징도 없어 보인다. 그런데 지극히 평범해 보이는 이 건물은 그리 평범하지만은 않다. 왜냐하면 일상적인 건축적 요소들이 모두 의도적으로 왜곡되었기 때문이다. 길드 하우스의 이름이 새겨진 간판은 과도하게 거대하다. 정면의 황금색 안테나는 조각품과 흡사하게 디자인되었다. 창틀 역시 기성 제품처럼 보이지만 보통의 창틀보다 훨씬 크기 때문에 일반적인 면적 구성의 비율은 파괴된다. 그리고 길드 하우스의 전면부는 르네상스 시기의 고전적 파사드를 그대로 모방한다. 모더니즘에서 금기시 되어오던 과거 양식의 부활인 것이다.

벤츄리는 크로포드 매너의 겉과 내용이 다르기 때문에 비판하는 것이 아니라고 말한다. 그는 더욱 강력한 결정타를 날린다. 모더니즘 건축은 시대착오적이며 더 나아가 공허하고 지루하다. 유치함을 거부하고자 했던 모더니즘의 양식은 20세기 중반 이후 너무나 과도하게 소비되어 스스로 유치한 상징이자 장식이 되어버렸다. 마치 우스꽝스러운 오리 모양의 집처럼 말이다. 이제는 유치함을 거부하기보다 오히려 제대로 유치해져야 역설적으로 세련되어 보일 수 있다. 우리는 상업자본과 대중문화가 지배하는 시대에 살고 있기 때문이다.

쉬운 설계

"지루한 건축이 재미있는가?Is boring architecture interesting?" 벤츄리가 던진 이 질문은 내놓으면서 내가 새도운 대토글 세시하며 포스트모더니즘이라는 양식을 탄생시킨다. 그러나 이 질문에 대한 대답이 반드시 모더니즘 건축의 폐기로 귀결되지는 않는다. 굳이 장식을 디자인에 복귀시키지 않아도, 과거의 양식을 재해석 하지 않아도 재미있는 건축은 가능하다. 그 한 가지 방법이 쉬운 설계다. 렘 콜하스Rem Koolhaas는 가장 탄탄한 이론적 기반을 바탕으로 설계를 하는 건축가 숙 한 명이시만 가상 내놓석니 실세를 하는 건축가이기도 하다. 그의 작업은 전문적인 교육을 받은 자들만이 현대 건축을 이해할 수 있다는 생각이 편견임을 증명한다. 또한 쉽게 이해할 수 있는 설계는 이론적 기반이 약하다는 건축가들의 선입견도 철저하게 파괴한다. 다음은 OMA에서 진행한 시애틀 중앙도서관의 설계다.

지식의 양적 증대와 함께 도시의 인구도 늘어나면서 시애틀 중앙도서관은 이미 여러 차례 증축했다. 그럼에도 불구하고 도서관은 여전히 이용자들의 요구를 모두 수용하기에 억부족이있다. 1998년 시애틀 시는 과거의 도서관을 아예 철거하고 미래의 변화를 유동적으로 반영할 수 있는 새로운 도서관을 설계하고자 했다. 콜하스는 이 도서관의 문제를 다음과 같이 분석한다. 일반적으로 도서관은 서고와 관리실처럼 고정된 공간과 열람실처럼 고정되지 않은 공간으로 구분된다. 모든 도서관의 문제는 책이 늘어나 고정된 공간이 고정되지 않은 공간을 잠식하면서 발생한다. 고정되지 않은 공간도 서고처럼 기능에 따라 구분한다면 서로의 영역을 잠식하지 않고 변화에 대응할 수 있다. '재단된 유동성Tailored Flexibility.'4 이것이 콜하스가 제시한 해결책이었다.

렘 콜하스(Rem Koolhaas)의 시애틀 중앙도서관(Seattle Public Library)

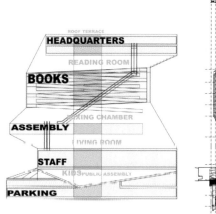
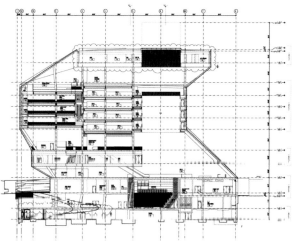

시애틀 중앙도서관의 건축적 다이어그램과 단면도

　　당시 시애틀 도서관의 공간 프로그램을 살펴보면 책을 위한 공간이 32퍼센트, 나머지 기능을 위한 공간이 68퍼센트의 공간을 차지한다. 콜하스는 '나머지 기능'들이 무엇인지 살펴본 뒤 책과 '나머지 기능'의 영역을 성격에 맞게 결합시킨다. 이렇게 다섯 개의 고정된 공간과 네 개의 고정되지 않은 공간으로 도서관을 재구성할 수 있다.[5] 그럼 건축적인 형태는? 일단 두 가지 공간을 성격이 중복되지 않게 번갈아 배치한다. 그대로 쌓아 올리면 재미가 없으니 프로그램의 블록들을 밀고 당겨보자. 그러면 어떤 공간은 햇빛도 더 들어오고 어떤 공간에서는 거리 풍경도 잘 보인다. 이제 블록 다이어그램에 외피를 씌우면 건축적 형태는 완성된다. 벽돌 쌓기만 할 수 있는 나이가 되면 누구나 이해할 수 있는 설계다.

　　콜하스가 이론과 실무를 넘나드는 건축가라면 조경에는 제임스 코너

James Corner가 있다. 이론가가 아닌 건축가로서 시작한 콜하스와는 달리 코너의 출발점은 학자였다. 그래서 그런지 그의 이론과 초기의 설계는 깊이 있고 난해하기로 유명했다. 그런데 최근의 설계 작품을 보면 까다로운 코너 씨의 변화를 엿볼 수 있다. 유선형의 지형이 만들어내는 조형적 경관을 보면 산타모니카에 위치한 통바 파크^{Tongva Park}의 설계 개념이 무척 궁금해진다.[6] 코너는 캘리포니아에서 나타나는 독특한 계곡 지형인 아로

제임스 코너(James Corner)가 설계한 통바 파크(Tongva Park)

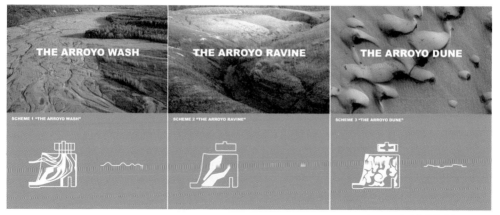

설계 디자인의 세 가지 실계 개념

요Arroyo에 주목하여 세 가지 설계 개념을 제시한다.[7] 첫째는 아로요 흐름 Arroyo Wash이다. 말 그대로 폭우가 만들어낸 물줄기가 건조한 사막 지대를 지나가면서 형성한 유선형의 형태다. 둘째는 아로요 협곡Arroyo Ravine. 물줄기가 심두너버 양쪽에 선버블 민들먼기 흐르니데, 두 번째 안은 실벅의 형태를 디자인에 그대로 도입했다. 셋째는 아로요 두덕Arroyo Dune 묾이 흐르머 계곡을 형성하면 자연이 세곡 넢에는 유농적인 모래 언덕이 형성된다. 세 번째 안은 이러한 사구의 형태를 형상화하였다. 세 가지의 개념 중에서 최종적으로 첫 번째 개념인 아로요 흐름이 공원의 설계 개념으로 선택되었다.

이렇게 듣고 나니 황당할 정도로 간단하다. 거의 유치원 꼬마들을 데리고 미술 시간에 "물줄기 모양을 그려볼까요? 아니면 언덕처럼 그려볼까요?"하는 수준이다. 그런데 이러한 접근이 성의 없다고 생각한다면 반문을 해보자. 무엇이 더 필요한가? 이 공원은 주민들이 편안한 반바지 차림에 아이들을 데리고 나와 관광객과 어우러져 산책을 하는 장소다. 굳이 다양한 사회적 층위의 중첩과 교차, 공간과 시간의 충돌과 혼성이 매개된 까다로운 설계가 필요할까? 누군가 여전히 통바 파크의 설계 방식이 너무 쉽다고 주장할 수는 있어도 이 공원의 디자인이 훌륭하지 않다고 함부로 말하기는 어려울 것이다. 설계 개념, 그리고 설계 방식의 새로움은 그 공간이 좋고 나쁨과는 의외로 아무런 관련이 없다.

유치한 설계

벤츄리가 모더니즘 건축을 비판하며 대중문화에 기반을 둔 건축을 주창한 지 40년이나 지났다. 그런데 오늘날의 관점으로 볼 때 사실 벤츄리의 건축은 그토록 그가 교훈을 얻고자 한 라스베이거스와 비교를 해도, 팝아트와 비교를 해도 그다지 파격적이지도, 신나 보이지도 않는다. 엘리트 건축가였던 벤츄리도 완전히 '유치해지기'에는 망설임이 있었던 것 같다. 그런데 최근 벤츄리도 머쓱해질 만큼 유치함과 대중성의 극단을 보여주는 설계가들이 나타났다. 그 선두 주자는 덴마크의 건축가 비아르케 잉엘스Bjarke Ingels다.

잉엘스의 설계는 농담처럼 느껴질 만큼 가볍고 유치하다. 그는 한 전시회에서 더니Dunny라는 토끼 장난감을 그대로 차용한 작품을 선보인다. 여기에는 어떠한 복잡한 해석도 설명도 없다. 건축가는 장난스럽게 말한다. "건축이 장난감보다 어려울 이유가 있나?" 다음 작품은 상하이 엑스

비아르케 잉엘스(Bjarke Ingels)의 더니 프로젝트(The Dunny Show)와 렌 빌딩(The RÉN building)

포의 호텔과 컨퍼런스 센터의 설계안이다. 실제 건축가가 공모전에 제출했던 안으로, 모양을 보고 설마 하겠지만 보이는 그대로 사람 인人에서 나온 형태다. 이후의 다른 공모전에서도 인人자를 발전시킨 작품을 계속해서 선보였다는 사실에서 건축가가 진지하게 이런 설계 개념을 제시했다는 것은 확인 할 수 있다. 잉엘스는 파사드의 한 부분을 설계하면서 기성 건축가들이 보면 분개할 만큼 유치한 방식으로 디자인한 파사드를 선보인다. 가까이에서 보면 이 작품은 현대 건축의 표현성이 강한 유기적 형태를 잘 활용한 듯하나. 그런데 점점 멀리 떨어져 건물을 보다 보면 사람의 얼굴이 나타난다. 장차 스웨덴의 왕위를 계승할 빅토리아 공주의 얼굴이다. 이 안이 너무하다 싶은지 다른 대안들도 제시한다. 마델라인 Madeleine 공주와 칼 필립 Carl Philip 왕자의 얼굴이다.

물론 이러한 예시는 개념적인 작품들이다. 하지만 이 건축가의 실제 지어지거나 현재 시공 중인 건축물에 대한 설계를 보더라도 이러한 극단

비아르케 잉엘스(Bjarke Ingels)가 설계한 알란다 호텔(Arlanda Hotel)

적인 작품에서 보여준 태도와 크게 다르지 않다. 롤러코스터를 그대로
본 딴 건물을 만들어 실제 지붕에 롤러코스터를 설치하고, 건물이 그대
로 산이 되고, 발전소 지붕에 스키장을 만든다. 이 장난기 넘치는 건축가
가 정말 건축으로 장난이나 치려고 이런 설계를 하는 것은 아니다. 벤츄
리가 모더니즘을 비판했듯이 그는 현대 건축을 양분하고 있는 아방가르
드 건축가와 대형 설계사무소를 함께 비판한다.[8] 전자는 고급 건축을 내
세우며 난해한 개념으로 현대 건축을 대중과 고립시키며 후자는 실용석
이며 현실적이지만 지루한 건축을 양산해낸다. 잉엘스는 이 둘이 놓치고
있는 영역, 혹은 이 둘의 접점을 탐색하고자 한다. 그리고 그에게 유치함
은 최고의 설계 전략이다.

잉엘스만큼 유치함을 강력한 무기로 삼는 조경가도 있다. West 8의 아
드리안 회즈^{Adriaan Gueze}다. 그는 유난히 직설적인 디자인 언어를 사랑한다.
이탈리아의 한 도시 광장에 그 도시에서 가장 사랑받는 성자 아시시^{St.}
^{Assisi}의 얼굴을 그대로 새겼다. 토론토의 수변 공원에는 캐나다를 상징하

기 위해 캐나다 국기의 단풍
잎 모양 섬을 만들었다. 마드
리드의 한 가로에는 주변 산
에 만개한 벚꽃을 그대로 형
상화해서 꽃무늬 포장 패턴
을 도입했다. 혹자에게는 별
생각 없는 유치한 설계로 여
겨질 수 있은지도 모른다. 그
러나 그 유치함의 이면에 날
카로운 해석과 독창적인 디

벚꽃과 이슬비 성인의 초상을 새긴 마닥 포상(West 8)

자인이 숨어있음을 간과해서는 안 된다.

2007년 거버너스 아일랜드Governors Island 공모전의 최종 당선작이 공개
되있을 때 West 8의 안이 닷선되리라고 예상한 사람은 많지 않았다.[9] 그
이유는 무엇보다도 West 8이 공모전에서 제시한 언덕들 때문이었다. 비
용의 문제는 차치해도 화산, 얼음 바위, 바벨탑, 케이블 카, 동굴 등의 언
덕은 일반적인 공원에서 볼 수 없는 괴상한 프로그램을 띠고 있다. 이 언
덕들은 한마디로 놀이공원을 위한 공간이다. 얼핏 생각하면 놀이공원도
공원의 일종 같지만 전통적으로 놀이공원은 공원과 정반대되는 공간으
로 여겨져 왔다. 왜냐하면 놀이공원의 목적은 돈벌이이고 공원의 가치는
공공성에 있기 때문이다.

West 8은 뉴욕에 진정으로 필요한 공원이 무엇인가를 질문한다.[10] 공

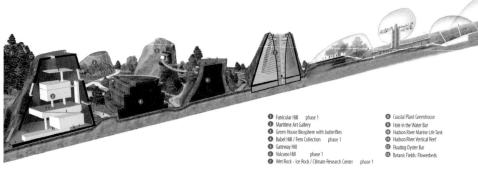

1. Funicular Hill   phase 1
2. Maritime Art Gallery
3. Green House Biosphere with butterflies
4. Babel Hill / Fern Collection   phase 1
5. Gateway Hill
6. Volcano Hill   phase 1
7. Wet Rock - Ice Rock / Climate Research Center   phase 1

8. Coastal Plant Greenhouse
9. Hole in the Water Bar
10. Hudson River Marine Life Tank
11. Hudson River Vertical Reef
12. Floating Oyster Bar
13. Botanic Fields: Flowerbeds

West 8이 설계한 거버너스 아일랜드의 언덕들

원의 본질은 결국 도시의 공간과는 대비되는 환영이다. 그런데 뉴욕에는 이미 센트럴 파크가 있지 않은가? 이 새로운 공원은 일반적인 공원과는 다른 일종의 환영을 제시해야 했다. 이 언덕들은 이미 모든 것을 갖추고 있는 이 도시가 아직 갖고 있지 못한 재미와 환영을 선사해주는 장치다. 아드리안 회즈는 모두가 고상한 척을 할 때 유치함을 통해 공원의 새로운 가치와 도시의 득수성을 꿰뚫어본다. 때때로 본질은 가장 유치하고 예외적인 파편들을 통해서 드러난다.

야한 설계

모두가 알고 있지만 모두가 모른 체하는 삶의 원동력이 있다. 성적 욕망. 군이 정신분석학적 용어를 빌리지 않아도 우리는 늘 성적 이미지에 노출되어 있으며 성적 매력을 발산시키고 싶어 한다. 문학, 음악, 미술, 영화, 모든 예술의 장르에 성적인 메시지와 이미지가 넘쳐나지만 공간만큼은 아직도 절제와 구도求道의 미학이 주를 이룬다. 공간은 성적으로 표현하기가 적합하지 않은 매체이기 때문일까? 전혀 그렇지 않다.

건축가 문훈이 설계한 다세대 주택의 설계 개념은 'Sextioned+Meshed'다. 단면section과 섹스sex의 이중적 의미를 내포하는 Sextion. 그리고 망사라는 뜻과 함께 그물 구조의 투과성 외장재를 의미하는 Mesh. 문훈은 이 주택에 대해서 다음과 같이 말한다. "길러진 민들, 그들의 사생활과 맨살을 그대로 드러내고픈 욕망은 내 그림에서 존재하고, 마치 여자 네이비에 씌우는 스타킹처럼 건물에 씌운다. 보일 듯 말 듯한 욕망들 사이에 서로가 보여주고 싶은, 관음하고 싶은 그러한 관계가 생긴다. 집 같지 않은 찢어진 스타킹이여."[11]

물론 찢어진 스타킹이라는 모티브로 이 건물을 전부 설명할 수는 없다. 스타킹에 대한 엄청난 패티쉬를 갖고 있는 건축주가 아닌 이상 관음 따위는 거의 고려되지 않을 뿐에 나일 뜻지해지진 않는다. 신축이 세워진 땅은 시대에 비해 밝다. 채워지 주변에 삼세끼한 신물들이 늘어서고 남은 자투리에 불과한 대지는 시방이 칼날처럼 걸린 예각 투성이다. 일소 신노, 에비 있는 마치 공산을 고려할 여지도 없다. 이러한 최소한의 땅에 지어지는 건물은 필연적으로 자폐증이나 노출증을 지닐 수밖에 없다. 사생활을 보여주기 싫다면 채광을 포기하고 창을 최소화하여 어둠 속에 묻혀야 한다. 반대로 밝은 공간과 공간의 효율을 위한다면 사적 공간을 노출시키고 타인의 관음증을 만족시켜야 한다. 어차피 후자를 선택해야 한다면 당당하게 금기시된 욕망을 설계로 표출하는 것도 훌륭한 전략이다.

2007년 환경조경대전에 "섹슈얼 판타지아: 감추어진 허상Sexual Fantasia: Concealed Simulacre"이라는 학생 작품이 출품된다. 제목과 형태에서 명백하게 드러나듯이 이 작품의 주제는 섹스에 대한 판타지다. 설계자는 현대 사회를 움직이는 수많은 허상 중에서 성에 대한 판타지가 가장 강력하고 근원적이지만 늘 금기시되고 억압 받아 왔다고 말한다. 그래서 그는 섹스에

2007년 환경조경대전 출품작인
"섹슈얼 판타지아: 감추어진 허상(Sexual Fantasia: Concealed Simulacre"(안동혁)

대한 환상을 현실화하는 가상의 공간을 사창가에 만들어내고자 한다.

남성의 성기 모양을 닮았지만 동시에 여성의 신체도 닮아있는 묘한 공간으로 진입하면 일곱 단계의 공간을 거치며 신체적 접촉부터 일종의 정신적 해탈 상태까지 일곱 가지 성적인 체험을 하게 된다. 중요한 점은 이 공간적 경험이 모두 테크놀로지와 미디어를 통해 감각되는 환상이라는 것이다. 그런 의미에서 이 공간은 프랑스어로 가상을 뜻하는 시뮬라크르 simulacre의 공간이다. 설계자는 이 작품을 통해서 결국 공원의 이미지도, 높이 뻗어가는 마천루도 결국 판타시이며 미디어에 지배되는 우리의 도시 역시 이미지와 허상의 파편을 모아 구축한 신기루라고 말한다.

아이들은 욕망하는 바를 그대로 표출한다. 성인들이 그런 행동을 할 때 우리는 유치하다고 핀잔을 준다. 만일 성인들이 선을 넘어 진정 욕망하는 바를 그대로 표출하면 문제는 간단하지 않다. 우리는 그 선을 금기라고 부른다. 그러나 모든 새로움은 금기를 넘어서는 순간 발생한다. 우리는 때로 앞서서 비난받더라도 위배로움 즉 새로움을 기꺼이 바라거나 우리의 금기는 성적인 욕망에만 있지 않다. 아직도 설계자들이 건드리지 못한 그러나 건드려서는 안 될 것도 없는 수많은 금기들이 존재한다.

유치함의 가치

유치幼稚는 '어릴 유'와 '어릴 치'로 구성된 한자어다. 우리는 유치하다는 말을 수준이 낮거나 미숙하다는 뜻으로 사용한다. 그러나 수준이 낮거나 미숙한 이도 쉽게 사용하고 이해할 수 있는 설계는 결코 수준이 낮거나 미숙하지 않다. 또한 우문愚問을 통해서 진리를 찾아가는 선禪의 길처럼 가장 유치한 생각, 혹은 금기시되어 왔던 생각이 내가 찾고자 하는 답을 가장 명쾌하게 보여줄 때도 있다. 이러한 의미에서 유치한 설계는 오히려 가장 수준이 높으며 성숙한 설계가 될 수도 있다. 설계가는 유치해질 수 있어야 한다. 좋은 설계가는 현학적인 언어를 구사하며 복잡한 선들을 남발하지 않는다. 그들은 쉽게 말하며 간단한 선으로 고정관념을 벗어나는 사람이다.

1 ——— 에이비스(Avis)는 미국의 대표적인 렌터카 회사이며, 잭 베니는 1930년대에서 1970년대까지 가장 인기가 많았던 미국의 코미디언이다. 당시 라스베이거스에서는 잭 베니 쇼가 인기가 높았다. Robert Venturi, Denise S. Brown and Steve Izenour, *Learning from Las Vegas*, Cambridge: The MIT Press, 2000, p.53.

2 ——— 이 두 건물은 모두 저소득층 노인들을 위한 임대 주택으로 지어졌다. 길드 하우스는 1960년 공사가 시작되어 1963년 완공되었고, 크로포드 매너는 1962년 공사가 시작되어 1966년에 완공되었다. 위의 책, pp.87~105.

3 ——— 벤츄리는 크로포드 매너는 '오리(The Duck)'고 길드 하우스는 '장식된 건물 (Decorated Shed)'에 해당한다고 말한다. 오리와 장식된 건물은 벤츄리가 고안한 건축적 개념이다. 오리는 마치 오리 모양의 집처럼 그 자체가 온 몸으로 그 건물이 무엇인지 명확히 말해주는 건축을 말한다. 오리 모양의 집뿐만 아니라 고딕 성당이나 고전주의 양식의 법원 건물, 공항 같은 건축이 '오리'에 해당된다. 반면 '장식된 건물'은 간판과 같은 표시가 없으면 건물의 정체를 알 수가 없는 건축을 말한다. 우리가 흔히 보는 상가의 은행, 빵집, 음식점이 그러하다.

4 ——— Michael Kudo, *Seattle Public Library: OMA / LMN*, Barcelona: Actar-D, 2005, p.15.

5 ——— 위의 책, pp.18~19.

6 ——— 통바 파크에 대해서는 다음을 참조, "통바 파크", 『환경과조경』 2014년 6월호, pp.10~23.

7 ——— ICEO, Palisades Garden Walk + Town Square, The Second Community Meeting Presentation Material, 2010.

8 ——— Bjarke Ingels, *Yes is More: An Archicomic on Architectural Evolution*, London: Tashen, 2009.

9 ——— 거버너스 아일랜드에 대해서는 다음을 참조, "거버너스 아일랜드", 『환경과조경』 2014년 9월호, pp.14~25.

10 ——— 거버너스 아일랜드 비평에 대해서는 다음을 참조. 조경비평 봄, 『봄, 디자인 경쟁 시대의 조경』, 도서출판 조경, 2008.

11 ——— www.moonhoon.com

11

저항하기

주민참여

주민참여? 물론 중요하지. 디자이너가 미처 생각하지 못한 사항을 반영할 수 있고, 이용자들의 만족도도 높일 수 있고, 더욱 민주적인 공간을 만들 수 있다는 점, 모두 동의해. 그런데 주민참여가 설계와 큰 상관이 있는지는 모르겠어. 솔직히 말해서 주민참여 설계의 사례들, 좀 촌스럽지 않아? 타일 만들기, 벽화 그리기, 텃밭 가꾸기. 항상 식상한 아이템의 반복이잖아. 만약 주민들의 불만이나 요구를 반영하는 것이 주민참여라면 네게 이제 인터넷 쇼핑몰에 불만 쉽게 글을 써붙기 환불 요구한 것도 주민참여겠네.

주변의 반대를 무릅쓰고 안을 관철시켜서 길이 남을 작품을 남기는 경우는 들어봤어도, 주민참여를 통해서 걸작이 나왔다는 이야기는 들어보지 못했어. 그토록 신선했던 설계안들이 주민들의 요구를 들어주면서 그저 그런 작품이 되어버리는 경우도 수두룩하다고. 그래서 말인데 친구야, 네가 세계적인 디자이너를 꿈꾸려면 주민참여에는 너무 신경 안 써도 되지 않을까?

저항 1 - 하이라인

최근 디자인계에서 가장 화제가 되었던 공원을 꼽으라면 아마도 많은 이들이 하이라인High Line을 선택할 것이다. 설계에 관심이 있는 이들이라면 이 공원의 디자이너가 세계적으로 각광받고 있는 조경가 제임스 코너James Corner라는 사실을 잘 알고 있을 것이다. 하지만 정작 이 공원을 기획하고 만든 당사자를 아는 사람은 그리 많지 않다.

맨해튼 서쪽 첼시 지구를 관통하고 있는 고가 철도 하이라인은 1980
년을 끝으로 운영되지 않고 방치된 상태로 남아 있었다. 뉴욕 시는 이 버
려진 고가 철도를 철거할 계획을 발표한다. 어릴 적부터 이 동네에서 자
란 청년 로버트Robert Hammond는 우연히 신문에서 철거 계획을 보고 의문
을 품는다. '이 멋진 구조물을 꼭 철거해야만 할까?' 여러 건축 및 문화재

제임스 코너(James Corner)가 설계한 하이라인(High Line) 1구역

하이라인의 과거 모습   하이라인의 야생의 정원

보호단체, 그리고 시당국에 문의를 해본 결과 아무도 이 구조물에 관심이 없다는 것을 알게 된다. 하이라인 철거에 대한 주민들의 의견을 묻는다는 소식을 듣고 로버트는 난생 처음으로 주민 공청회에 참석한다. 그리고 그곳에서 하이라인의 철거에 의구심을 품은 또 다른 청년 조슈아 Joshua Duvid를 만나게 된다. 로버트는 조슈아에게 말을 건다, "저기요, 우리 두위 가틈 함께 시작하지 않을래요?" 하이라인 친구들 Friends of the Highline 은 이렇게 두 명으로 시작되었다[1]

두 청년은 하이라인을 신 서차되는 시당국의 계획에 맞서 여러 가지 활동을 시작한다. 지역 주민들을 설득하고, 대상지에 대한 기록을 남기고, 디자인 대안도 제시하고, 법적 대응 절차도 강구해갔다. 그러던 어느 날 로버트와 조슈아는 사진가 스턴필드 Joel Sternfeld와 연락해 대상지의 현황 사진은 찍기 위해 하이라인 구조를 위로 올라간다. 그리고 그곳에서 맨해는 어디에서도 볼 수 없었던 야생의 정원을 목격한다. 그 때 그들은 하이라

인이 모두를 위한 공원으로 다시 탄생해야 한다는 확신을 갖게 된다.

그동안 알려지지 않은 하이라인의 모습을 공개한 사진 전시회는 엄청난 대중들의 호응을 얻고 하이라인은 지역 사회의 가장 뜨거운 화두로 떠오른다. 5년 뒤 하이라인 친구들은 지역 주민 대다수의 지지를 얻는 데 성공한다. 마침내 2004년 새로운 뉴욕 시장 블룸버그^{Michael Bloomberg}와 시당국은 하이라인을 공원으로 만들기로 결정하고, 2009년 하이라인의 첫 구간이 개장된다. 로버트와 조슈아가 하이라인 친구들을 만든 지 정확히 10년만의 일이다. 현재 하이라인 친구들은 뉴욕 공원국과 함께 공원의 운영을 담당하고 있고 향후의 공원 이용 계획도 지속적으로 만들어내고 있다.

우리는 하이라인을 제임스 코너의 작품으로 알고 있다. 틀린 말은 아니다. 하지만 코너는 철거될 구조물을 보존하자고 주장한 적도 없고, 이를 공원으로 만들자는 아이디어를 제시하지도 않았다. 주민들을 설득하고 시당국의 결정을 이끌어내는 과정에서도 아무런 역할을 하지 않았다. 하이라인을 공원으로 만들기 위한 모든 기획과 실천은 로버트와 조슈아가 생각하고 발로 뛰어가며 이루어낸 성과다. 그렇다면 하이라인은 누가 만든 것인가? 제임스 코너라는 세계적 디자이너인가, 아니면 두 명의 동네 청년인가? 우리는 좁은 의미에서 코너가 제안한 공간적 구상과 도면들을 설계라고 부른다. 그러나 넓은 의미에서 보면 하이라인의 설계는 로버트가 어릴 적부터 보아오던 구조물의 철거 계획에 저항하기로 결심했을 때부터 시작되었다. 코너는 하이라인을 공원으로 만들기까지의 많은 과정 중 일부분만을 담당한 협력자일 뿐이다.

로버트와 조슈아는 하이라인의 가장 중요한 의의를 물어보았을 때, 철거될 위기의 근대 유산을 보존했다거나, 지역에 뉴욕을 대표하는 새로운 명소를 만들었다거나, 현대 건축과 조경에 중요한 이정표를 마련했다는 사실은 언급하지 않았다. 이 두 청년은 아무런 지식도, 경험도 없었던 그들이 이러한 프로젝트를 성공시킴으로써 누군가 또 다른 하이라인을 자신이 지역에 만들 수 있는 용기를 얻게 되었다는 점이 하이라인의 가장 큰 의의라고 말한다.

저항 2 - 포르타 볼타와 파킹데이

로버트와 조슈아는 하이라인을 통해서 저항에 대해 이야기한다. 내가 옳다고 생각하고 지금보다 더 나은 대안이 있다면 저항하라고 말한다. 왜냐하면 시의 잘못된 결정이 아무런 근거가 없을 수도 있고, 나의 이웃이 그 잘못된 신념을 그대로 따르는 이유는 무관심 때문일 수도 있기 때문이다. 하지만 저항이 하이라인처럼 막대한 예산이 투입되는 프로젝트로 빌간되는 경우는 매우 예외적이다. 내부분의 경우 저항의 목소리는 대립되는 논리나 무관심 속에 묻혀버린다. 그럴 경우 실천이 중요하다. 설계는 실천적 저항의 가장 중요한 도구다.

이탈리아 밀라노의 포르타 볼타Porta Volta라는 동네에는 그리 크지 않은 규모의 공지가 있었다. 어느 날 서커스 단원들이 이곳에서 서커스 연습을 시작했고 동네 아이들에게 공짜 서커스는 인기 있는 구경거리가 되었다.

자연스럽게 이 공지는 주민들이 모이는 동네의 명소가 되었다. 얼마 뒤 공지는 한 재단에 팔려 주차장으로 개발되기로 결정된다. 주민들은 이 계획안에 맞서 이 부지를 작은 공원으로 만들 계획을 시에 제출한다. 주민들이 지속적으로 노력을 기울인 끝에 시는 이 부지의 개발이 착수되기 전까지 남은 한 달 동안 주민들이 자유롭게 부지를 사용해도 좋다는 허가를 내어준다. 작은 지역 설계 회사와 함께 주민들은 쉼터, 아이들을 위한 놀이 공간, 텃밭, 정원으로 이루어진 공원을 만들어 나간다. 이 빈터는 화려하진 않지만 주민들이 모여서 담소를 나누고 가꾸어나가는 공공장소로 다시 태어난다. 그리고 약속대로 한 달 뒤에 이 공원은 주차장을 만들기 위해 철거된다.[2]

포르타 볼타(Porta Volta)의 지역 주민들이 만든 임시 공원의 평면도

포르타 볼타 임시 공원의 커뮤니티 이벤트

결과적으로 보면 주민들의 작은 저항은 얻어낸 것이 없는 듯 보일지도 모른다. 그러나 저항이 무조건적인 불만만을 제기하는 방식이 아닌 직접적인 실천과 참여의 형태로 이루어졌다는 점은 많은 변화를 가져왔다. 시는 주민들의 견해를 더욱 존중하게 되었을 뿐만 아니라 이 지역의 주민들을 함께 시를 만들어 나아갈 협력자로 여기게 되었다. 이런 노력을 본 재단 측도 새로운 개발 과정에서 주민들과 더욱 긴밀히 협조하여 주민들도 함께 이용할 수 있는 건물을 만들기로 했다.

미국 시내의 도로 마지막 차선은 대부분 가로 주차장으로 이용된다. 예술가 건축가, 조경가, 시회활동가 그리고 이곳에 거주하는 대부분 사람에게는 차량의 통행이 우선시되고 보행자의 공간은 점점 열악해지는 상황에 저항하기로 결정한다. 이들은 샌프란시스코 시내의 한 가로변 주차 공간을 두 시간 동안 점유하여 작은 공원으로 바꾼다. 그리고 두 시간 뒤 잔디와 나무, 벤치를 철거하고 주차 공간으로 되돌려 놓는다. 이 합법적인 시위는 순식간에 인터넷 동영상과 SNS를 통해 뜨거운 반응을 얻는다. 리바에 동조하여 이와 같이 일시적으로 주차 공간을 점유하는 방식의 시위가 늘어나게 되고 미국 전역으로 확대된다. 그리고 지자체의 협조를 얻어 9월 셋째 주 화요일은 지정된 주차 공간을 행사에 지원한 사람들이

사회활동가로 이루어진 단체인 리바(Rebar)가 촉발시킨 '파킹데이(Park(ing) Day)' 주차장 정원

자유롭게 정원이나 공원으로 바꿀 수 있는 '파킹데이Park(ing) Day'로 지정된다.[3] 10년째 진행되고 있는 파킹데이를 통해 이제 미국의 도시 뿐만 아니라 전 세계 곳곳의 도시 내 가로 주차장은 일 년에 하루 공원이 된다. 누구나 도시를 거닐며 주차장과 자동차가 너무 많다는 생각을 한다. 그러나 변화를 이끌어내는 것은 생각이 아니라 실천이다. 두 시간 동안 합법적으로 주차 공간을 점유하겠다는 발칙한 상상과 실천은 전 세계의 도시 구조를 변화시킬 힘을 지닌 기폭제가 되었다.

저항 3 – 센트럴 파크와 공동체 정원

하이라인이나 포르타 볼타, 파킹데이는 주민들이 스스로의 힘으로 변화를 이끌어내었고 감동적인 해피엔딩으로 마무리되었다. 그러나 항상 주민들의 저항에 대해 권력이 협조적인 것은 아니다. 우리는 대개 실패한 사례는 잘 알지 못한다. 주민들의 의지가 권력과 충돌하여 좌절된 사례는 널리 알려야 할 이유보다는 숨겨야 할 이유가 더 많기 때문이다.

센트럴 파크^{Central Park}는 바람직한 주민참여의 사례로 가장 많이 인용되는 공원이다. 공원을 설계한 옴스테드^{Frederick Law Olmstad}는 센트럴 파크를 단순히 여가를 제공하는 편의시설이 아니라 민주적 이상을 실현시킬 이데올로기적인 공간으로 보았다. 조경가이기 전에 사회운동가였고, 사상가였던 그는 설계를 통해서 당대 사회가 처한 모순에 저항하고자 했다. 산업혁명 시대의 노동자들은 극도로 열악한 주거 환경 속에서 살고 있었다. 옴스테드는 센트럴 파크를 통해 부유한 계층민이 사치스러운 여래을 통채 누릴 수 있었던 지연의 경험을 모두에게 제사하고자 했다. 센트럴 파그는 공원이 주구해야 힐 보편적인 가치와 노닉을 세시했고 아식도 많

센트럴 파크

은 공원이 센트럴 파크를 하나의 규범적인 전례로 따르고 있다. 시민들을 위한, 시민들에 의한 공원을 꿈꾸던 옴스테드의 이상을 계승하듯 오늘날 센트럴 파크를 관리하고 운영하는 주체는 공원국과 제휴한 시민들의 자치적인 모임인 '센트럴 파크 관리위원회'다.

여기까지는 센트럴 파크의 아름다운 이야기다. 그러나 이곳에 감춰진 어두운 이야기는 잘 알려지지 않았다. 원래 센트럴 파크가 있던 자리는 뉴욕의 중심부에서 추방당한 가난한 원주민들과 이민자들의 주거지였다. 뉴욕의 부유한 시민들은 이들의 공동체는 불법적이며 비위생적이라고 규정했다. 센트럴 파크는 이 수많은 주거지를 철거할 명분을 제공한다. 뉴욕에서 최초로 흑인들이 정당하게 토지를 소유하여 형성한 공동체 '세네카 빌리지Seneca Village'조차 공공장소를 만든다는 명분하에 강제적으로 철거된다.[4] 시민운동가인 코소Sabu Kosho는 다음과 같이 말한다.

"센트럴 파크의 조성에는 여러 불안정한 요소를 지니고 있던 뉴욕의 도시적 생성을 통제 및 관리하기 위해 공공의 이익이라는 명분하에 공동체를 제거하려는 감춰진 정치적 의도도 지니고 있었다. 경제적인 의도로는 부동산 업자들이 자연적 미관과 도시 공간 디자인을 연결시키려는 세련된 전략을 통해 이 지역의 토지 가격을 상승시키려는 것에 있었다."[5]

실제로 센트럴 파크가 조성된 뒤 인근의 토지 매매가는 20배나 오른다.[6] 1989년 한 백인 여성이 센트럴 파크에서 성폭행을 당했을 때 우연히 공원에 있었다는 이유로 네 명의 흑인 소년과 한 명의 히스패닉 소년이 구속되었고 강제로 이끌어낸 허위 자백만으로 최고형을 선고 받는다.[7]

10년 이상의 시간이 지나 진범이었던 백인 남성이 자백하고 나서야 이 소년들은 무죄를 인정받을 수 있었다. 대부분 공원 주위의 고급 주택가에 거주하는 유력자들로 구성되어 있는 '센트럴 파크 관리위원회'는 센트럴 파크에서의 집회를 철저하게 통제하고 있다. 옴스테드가 모두를 위한 공원으로 설계한 센트럴 파크는 사실 태생부터 지금까지 한 번도 모두를 위한 공원이었던 적이 없다.

센트럴 파크나 하이라인처럼 저항이 반드시 권력의 동의를 얻을 때만 의미가 있는 것은 아니다. 한때 뉴욕에는 600개의 공동체 정원이 있었다. 평화로워 보이는 이 정원들은 치열한 저항의 공간이었다. 미국 대공황 때 식량 문제를 해결하기 위해 주민들이 스스로 농사를 지을 수 있도록 5천 개의 생산 정원이 만들어졌지만 상황이 호전되자 뉴욕 시는 모든 생산 정원을 공유지로 환수한다. 그 결과 1970년대 뉴욕 내 방치된 공유지는 2만 5천 개로 늘어난다.[11] 아무런 제재 없이 열악해지는 환경을 개선하기 위해 주민들은 스스로 폐가와 버려진 땅을 정비하고 공동체 정원을 만들어 나간다. 뉴욕 시는 이들의 행위를 불법 침입으로 규정한다. 리즈 크리스티Liz Christy가 주도한 '녹색 게릴라Green Guerrillas'라는 단체는 지속적으로 빈 땅에 침입하여 정원을 만들었고 대대적인 신문 및 텔레비전 광고를 통해 정원 만들기 운동의 정당성을 주장한다.[9] 거센 저항에 부딪힌 뉴욕 시는 토지를 대여하는 방식으로 정원을 만들 수 있도록 허락한다. 하지만 1996년 뉴욕 시는 다시 새로운 주택 단지와 상업 지구를 개발하기 위해 대부분의 공동체 정원 부지를 개발업자에 매각한다고 밝힌다. 뉴욕

리즈 크리스티와 녹색 게릴라

시에서 표창을 받은 정원들도 모두 철거되었다.[10] 또다시 저항이 시작되었다. 크리스티는 이미 고인이 되었지만 수많은 크리스티의 후계자가 나타났으며 이 운동은 미국의 다른 도시로 퍼져 나갔다.

유기된 폐허는 합법이고 모두가 가꾸어 온 아름다운 정원이 불법이라는 모순된 현실에서 누군가는 이익을 본다.[11] 불합리에 대한 저항의 길이 모두 막혔을 때 유일하게 남은 길은 저항의 실천이다. 이 때 폭력에 맞선 폭력보다, 불합리에 맞선 불합리보다, 아이들이 가꾼 정원은 무엇보다 강렬한 저항의 수단이 된다. 그리고 설계는 아름답고 따뜻한 저항의 가장 효과적인 전략이 될 수 있다. 비록 저항을 받는 대상의 의지가 완고할지라도 저항이 지속되는 한 저항은 실패한 것이 아니다. 저항은 언젠가 발화할 변화의 씨앗을 곳곳에 심어 놓는다.

참여를 넘어서 – 세바다와 키베라

저항의 대상이 구체화되었다면 저항의 방식은 간단해진다. 저항을 하고자 하는 상대를 설득하여 나의 의지를 관철시키면 되는 것이다. 그러나 만일 상대가 불명확할 때는 저항의 행위 자체가 매우 난감해진다. 하이라인 프로젝트에서 저항의 목표는 지역 주민들과 시당국의 마음을 바꾸는 것이었다. 파킹데이의 저항도, 녹색 게릴라의 운동도 마찬가지였다. 하지만 다른 누군가가 마음을 바꾼다고 하더라도 문제가 해결되지 않을 때도 있다. 부조리의 원인이 누군가의 잘못이 아니라 현실 그 자체라면 저항은 어디로 향해야 하는가?

엘 캄포 데 세바다^{El Campo de Cebada}는 마드리드의 가장 활성화된 광장 중 하나였다. 도시가 재개발되면서 광장은 여러 차례 다른 프로그램으로 개발된다. 그러다가 2006년 시는 주민들의 요구에 따라 다시 이곳을 시 상과 스포츠센터를 신규 건 설계획으로 밀어붙이고 만다. 하지만 세계적인 금융 위기로 스페인의 경제가 침체되자 사업은 중단된다. 시의 재정적 지원을 기대할 수 없는 상황에서 주민들은 4년 동안이나 방치된 부지를 직접

출로아크(Zuloark)가 디자인에 참여한 엘 캄포 데 세바다(El Campo de Cebada) 광장

바꾸기로 결정한다. 여러 디자이너가 이 시도를 돕기 위해 참여한다. 그 중 줄로아크Zuloark라는 디자이너 그룹은 중단된 공사 현장의 자재로 주민들이 모든 시설물을 직접 만드는 '핸드 메이드 어바니즘Hand Made Urbanism' 의 전략을 제시한다. 디자이너는 설계와 아이디어를 제공하고 주민들은 직접 빈 공사장을 새로운 공간으로 바꾸어 나갔다. 비록 멋진 스포츠센터를 짓는 계획은 무산되었지만 주민들은 그들이 바랐던 대로 다양한 스포츠 시설과 같은 공공장소를 갖게 되었다. 주민들의 의지가 없었더라면 여전히 방치된 공간으로 남아있을 뻔했던 세바다 광장은 주민들이 더욱 애착을 갖는 공동체의 공간이 되었다.[12]

2005년 여름 다섯 명의 하버드 대학원생들이 아프리카 최대의 슬럼 지구인 케냐 키베라Kibera로 향한다. 100만 명이 넘는 인구가 살고 있을 것으로 추정되는 키베라는 상하수도시설도, 전기시설도 갖추지 못한 무허가 거주지다. 매년 250억 원에 달하는 재원이 전 세계로부터 들어오지만 부족 간의 갈등과 정치적인 문제가 뒤얽혀 키베라의 환경은 조금도 개선될 기미가 보이지 않았다. 케냐 출신 학생의 제안으로 다섯 명의 학생들은 현장에서 직접 키베라를 변화시키기로 결심한다.

특별한 재원도, 지원도 없었던 학생들은 주민들과 함께 할 수 있는 일부터 시작했다. 상하수도시설은 물론 쓰레기 처리장도 없는 키베라에서는 식수원과 하수, 쓰레기들이 한데 얽혀 많은 문제를 야기하고 있었다. 그들은 주민들과 함께 우선 하천의 쓰레기부터 치우기로 한다. 쓰레기가 사라지자 하천변에 넓은 부지가 나타났다. 침수를 방지하기 위해 주변에

키베라의 청소 작업   어린이놀이터

서 구할 수 있는 재료로 둑을 쌓고 그 위에 아이들을 위한 교육 장소이면서 주민들이 수익을 얻을 수 있는 공동 작업장을 만들기로 했다. 학생들의 설명을 들은 주민들은 키베라 최초의 공공장소를 만드는 작업에 동참하기로 한다. 이렇게 주민센터와 작은 어린이놀이터가 갖추어지고, 그 어떠한 희망도 없으리라 생각한 주민들은 환경을 개선할 의지만 있다면 극도로 가난하고 피로한 삶도 스스로 바꾸어갈 수 있다는 사실을 깨닫는다. 학생들이 제시한 공공장소의 실체는 너무히 공산을 만들기 위한 수단이 아니었다. 그들은 키베라의 삶을 변화시킬 설계안을 제시했다. 이후 학생들의 여름 프로젝트는 전 세계의 열악한 주거 환경을 개선하기 위한 비영리단체인 '쿤쿠이Kounkuey Design Initiative'로 발전하고 키베라에는 이미 세 번째 공공공간이 만들어졌다.[13]

주민참여라는 단어에는 함정이 하나 숨어 있다. 참여는 누군가가 하는 일에 동참한다는 것을 의미한다. 참여를 통해서는 결코 내가 주체가 될 수 없다. 참여의 저항은 기껏해야 누군가의 의지와 생각을 바꿀 수 있을 뿐이다. 오히려 불평을 하거나 요구를 할 대상이 없을 때 저항의 대상

은 나 자신이 된다. 불합리한 현실을 기정사실로 인정해왔던 스스로에게 저항할 때 진정으로 나의 세상을 바꿀 수 있는 힘을 갖게 된다. 참여의 설계는 참여를 넘어 저항의 설계가 되어야 한다. 그래야 설계는 세상을 바꿀 수 있다.

저항하는 설계

현실에 아무런 문제도 없고 모든 것이 만족스러울 때에는 굳이 무언가 새로운 설계를 해야 할 이유가 없다. 현실이 만족스럽지 못할 때, 그리고 그 현실을 바꾸어야겠다고 마음먹었을 때 비로소 설계라는 행위가 필요하게 된다. 이러한 의미에서 모든 설계는 저항을 전제로 한다. 설계는 결코 남의 의지에 따라 대신 그림을 그려주는 행위가 아니다. 로버트와 조슈아는 산업유산을 철거할 뉴욕 시의 계획을 무산시키고 공원을 만들었으며, 리바는 전 세계 도시의 주차장을 작은 공원으로 바꾸어 나갈 수 있었다. 옴스테드는 사회를 변화시키려고 했으며, 뉴욕의 녹색 게릴라들은 시의 결정을 거부하고 스스로 그들의 공동체를 살기 좋은 곳으로 바꾸기 위해 투쟁하고 있다. 마드리드의 시민들은 정부도 어찌할 수 없었던 세계적인 금융 위기에 저항했으며, 키베라의 주민들은 국제단체도 해결하지 못한 문제가 가득한 현실과 싸웠다. 설계를 통해 이 모든 저항은 실천될 수 있었다. 설계의 본질은 아름다운 예술도, 차가운 논리도, 따뜻한 참여도 아니다. 그것은 뜨거운 저항이다.

1 ——— 로버트 해몬드와의 ASLA 인터뷰, www.asla.org/ContentDetail.aspx?id=34419

2 ——— Aurora Fernandez, Javier Arpa and Javier Mozas eds., *A+T 38: Strategy and Tactics in Public Space*, A+T, 2011, pp.130~135.

3 ——— http://parkingday.org

4 ——— 이와사부로 코소, 서울리다리디 역, 『죽음의 도시, 생명의 거리』, 갈무리, 2013, p.154.

5 ——— 이와사부로 코소, 서울리다리디 역, 『뉴욕열전』, 갈무리, 2010, p.62.

6 ——— 제므저 게거서 입럽힌 메비니 다 80센서이 안 부브인 교시 매매가는 18/7/언에 500달러였다. 1857년 센트럴 파크가 개장하고 1868년에 이 지역의 매매가는 20,000달러로 상승한다.

7 ——— "A Crime Revisited: The Decision; 13 Years Later, Official Reversal in Jogger Attack", *The New York Times*, December 6, 2002.

8 ——— 이와사부로 코소, 2010, p.101.

9 ——— www.greenguerillas.org

10 ——— 뉴욕 이스트 빌리지의 치코 멘데즈 벽화 정원은 지역 공동체가 가꾼 상징적인 정원이었다. 소각가인 켄 히라스카(Ken Hiratsuka)와 벽화가 치코(Chico)는 지역 주민들에 함께 19/0년대부터 방거린 빈 땅에 정인을 만들고 기꺘었다. 이 공원은 서의 지원 없이 마약과 폭력으로 얼룩진 해팅 지역에 변화를 가서왔나 1994년 뉴욕 시는 이 부지를 개빌입사에게 매각안나. 주민들은 거세게 항의하고 이 설정에 저항한다. 1997년 4월 뉴욕 시는 이 정원을 시민참여의 바람직한 사례로 표창한다. 그리고 1997년 12월, 뉴욕 시는 크리스마스 전날에 기습적으로 정원을 철거한다. 현재 그 자리에는 고급 아파트가 들어서 있다.

11 ——— 주민들이 가꾼 정원을 계속 방치된 폐허로 유지하고자 하는 방침에 의구심이 생길지도 모른다. 한 지역이 방치된 폐허로 인해 환경이 더욱 열악해지고 재개발의 여론이 조성되면 이 지역은 개발업자에게 헐값에 매각되어 손쉬운 재개발이 가능해진다. 시나 개발업자가 건물이나 공지를 소유한 뒤 의도적으로 방치하는 행위를 '창고 숨기기'라고 부른다.

12 ——— Aurora Fernandez, Javier Arpa and Javier Mozas eds., pp.162~167.

13 ——— www.kounkuey.org

12

남에게
미루기

도대체 누가 한 거야?

걔네 작품 봤어? 정말 모델은 전문 회사에서 만들었다고 해도 믿길 정도로 훌륭하더라. 그런데 그 모델, 전부 후배들이 만들었대. 방학 때부터 애들 매일 밥 사주고 술 사줘서 돈으로 도우미 섭외한 것이나 마찬가지지. 정작 자기는 모델에 손 하나도 대지 않고 지시만 내렸다고 하더라고. 그래픽도 완전 뻣었지. 그런데 그 넘 애들 중에 복수 전공하는 디자생 있잖아. 걔기 이는 대학원생 오빠들이 다 해준 거래. 3D 프로그램으로 동영상 만드는 사람들이 해주는 그래픽을 어떻게 당해내겠어? 솔직히 나는 그 작품이 걔네 것이라고 할 수 없다고 봐. 모델도 그렇고, 그래픽도 그렇고, 직접 한 것이 거의 없잖아. 솔직히 그 디자인도 본인의 아이디어인지 의심스러워. 비슷한 디자인을 무슨 공모전에서 본 것 같기도 하거든. 아니면 말고.

작가의 죽음

68혁명이 일어나기 한 해 전 롤랑 바르트Roland Barthes는 "저자의 죽음The Death of the Author"을 선언한다.[1] 바르트는 작가(저자)란 근대에 들어와서야 나타난 개념이라고 말한다. 중세가 끝날 무렵, 근대 철학과 종교 혁명을 통해 '개인'이라는 관념이 탄생한다. 여기에 자본주의 이데올로기까지 더해지면서 개인적 주체인 작가는 모든 텍스트의 주인이 된다. 문자의 제국에 군림하는 작가는 작품에 대해 아버지의 권위를 넘어 종교적인 신성마저 갖는다. 하지만 실상 그 어떠한 작품도 작가가 만들어 낸 새로운 창조물이 될 수 없다. 알고 보면 모든 텍스트는 이전에 존재했던 수많은 원문의 인용의 재인용이며 무한한 모방일 뿐이다. 작가가 부여한 작품의 원본성은 실제로는 완벽한 허상이다. 오늘날 작가의 자리는 서술자scriptor가 물려받는다. 서술자는 거대한 텍스트의 사전에서 단어들을 끌어내어 다른 누군가의 언어로 부연하는 자다. 작품에 선행하는 작가와 달리 서술자는 텍스트와 동시에 태어난다. 글쓰기는 더 이상 특정한 기록, 표현, 묘사가 아니다. 이제 언어 그 자체 이외에 텍스트는 그 어떠한 기원도 갖지 않는다. 텍스트에는 작가의 인생도, 열정도, 고뇌도 없다. 작가의 죽음과 함께 텍스트에 내포된 신화도, 작가의 존재에 기대어오던 문학의 비평도 전복된다.

작가의 죽음은 비단 문학에서만 나타난 사건은 아니었다. 20세기 들어서 예술의 전 분야에서 작가라는 개념은 무의미해진다. 1940년대 중반, 셰페르Pierre Schaeffer는 연주자를 위한 음악이 아닌 소리 그 자체를 위한 음악을 시도한다. 그는 이미 연주된 악기나 음악, 심지어는 사람들의 대화나 자연의 소음에서 음악을 만들어 낸다. 이집트에서 할림 엘-답Halim El-Dabh은 고대 종교 의식을 테이프에 녹음하고 그 소리를 조작하여 만든 음악을 선보인다. 이들이 개발한 샘플링sampling이라는 기법은 작곡가의 악보나 음악가의 연주를 요구하지 않는다. 이 세상에 존재하는 모든 '음'에서 음악이 만들어진다. 그들에게 음악은 창작이 아니라 발견과 조합이었다. 작가의 죽음이 없었다면 이들의 실험에 영향을 받은 오늘날의 일렉트로닉이나 힙합과 같은 대중음악은 존재하지 못했을 것이다.

미술계에서 작가의 죽음은 이미 20세기 초에 예견되었다. 1917년 뒤샹Marcel Duchamp은 상점에서 사온 변기를 전시회에 출품하면서 화장실용품 제조업자의 이름 'R.Mutt'를 새겼다. "샘Fountain"이라는 제목의 변기는 20세기 미술사에서 가장 큰 영향력을 미친 작품이 된다. 1919년 뒤샹은 레오나르도 다빈치의 걸작 모나리자의 복제품을 사와 콧수염을 그리고 "L.H.O.O.Q"라는 제목을 붙인다.[2] 뒤샹 이후로 미술계에서 작가는 무가치한 존재로 전락한다. 뒤샹의 개념을 이어받아 포스트모더니즘 미술의 센세이션을 연 앤디 워홀Andy Warhol이 사업 이후 사상의 연쇄에 기대는 숭고sublime 미학의 시대는 종말을 고하고, 대신 허상과 복제가 지배하는 '시뮬라크르simulacre 미학'의 시대가 도래한다. 더 이상 예술을 만드는 주체는 없다. 오늘날의 예술가들은 끊임없이 창작의 역할을 타자에게 전가할 것을 강요받는다. 이제 바르트가 선언한 작가의 죽음은 충격적인 도발이 아니라 진부한 현실이 되어버렸다.

작가 없는 정원

졸업 후 일을 시작한 지 2년 정도 된 마사 슈왈츠Martha Schwartz는 1979년 어느 날 남편이 출장을 간 사이 깜짝 파티를 해주기 위해 자신이 살던 아파트 앞마당에 작은 정원을 만든다.[3] 정작 조경가였던 남편은 시큰둥한 반응을 보인 이 정원은 엄청난 논란을 불러일으켰고, 젊은 슈왈츠는 조경계의 화려한 주목을 받게 된다. 몇 평 되지도 않는 정원이 그토록 화제가 되었던 이유는 슈왈츠가 선택한 '재료'에서 찾을 수 있다. "베이글 가든"이라는 이름처럼 정원 가장자리의 보라색 자갈 위에 80여 개의 베이글이 깔려 있다. 이 베이글들은 작가가 방수 처리를 했다는 것을 제외하면 가게에서 파는 베이글 그대로다. 슈왈츠는 60년 전 뒤샹이 그랬던 것처럼 대량 생산되어 판매되는 베이글로 정원을 만듦으로써 설계가의 권위를 파괴한다.

1988년, 슈왈츠는 "베이글 가든"에서 선보인 팝아트적인 시도를 확장한다. 슈왈츠는 한 쇼핑센터의 조경 설계를 맡게 된다. 그런데 정작 그녀가 제안한 설계의 초점은 공간적 구성이나 이용보다도 350마리의 황금개구리에 맞추어져 있다.[4] 모든 맥락을 무시하고 그리드 형태로 균일하게 배치되어 공간을 지배하는 개구리들은 슈왈츠가 직접 만들지도 형태를 고안하지도 않았다. 공장에서 생산되어 쇼핑센터로 운반된 뒤 배치되었

마사 슈왈츠(Martha Schwartz)의
"베이글 가든(Bagel Garden)"

을 뿐이다. 10년 전의 작은 정원의 베이글의 역할은 그대로 쇼핑몰의 개구리가 수행한다. 그로부터 20년이 지난 뒤 슈왈츠는 베이글 가든과 리오 쇼핑몰 센터에서 보여주었던 레디메이드ready-made의 전략에서 한 단계 더 나아간다. 그녀는 개념 미술conceptual art의 아이디어를 빌어 그때까지 설계가가 맡아오던 역할에 근본적인 질문을 제기한다.

뒤샹이 예술의 고전적인 가치를 파

마사 슈왈츠(Martha Schwartz)의 리오 쇼핑센터(Rio Shopping Center)

괴한 이후로 예술은 스스로에 대한 정의를 다시 내려야만 했다. 그 고민 끝에 제시된 한 가지 해답이 개념 미술이다. 1960년대 등장한 미니멀리 스트들은 레디메이드의 개념을 극단적으로 추구하여 실제 사물과 서의 구별되지 않는 작품을 선보인다. 미니멀리스트였던 버긴Victor Burgin은 작품 이 다른 요소들과 다를 바가 없다면 왜 굳이 작품을 만들어야 하는지 반 문한다.[5] 예술의 본질은 작가가 만들어 낸 작품이 아니라 오히려 작품에 대한 생각이 아닐까? 1963년 키엔홀츠Edward Kienholz는 "개념 타블로Concept Tableaux"라는 작품을 통해 예술이 개념 상태로도 존재할 수 있다는 사실 을 보여주고자 했다. 1966년 보크너Mel Bochner는 작품이 아니라 여러 작가 들의 드로잉과 구상을 복사한 노트를 전시했다. 전시된 대상은 완성된 예

술이 아니라 예술의 개념들이었다. 1968년 솔 르위트^{Sol LeWitt}는 "월 드로잉

^{Wall Drawing}" 연작을 구상한다. 솔 르위트는 월 드로잉을 그리기 위한 개념적

인 가이드라인과 다이어그램을 제시하였을 뿐 작품을 직접 그리지 않았

다. 작품은 인부들이 완성한다. 월 드로잉에서 작가는 더 이상 작품의 유

일한 창작자가 아니다. 작품에 대한 개념과 구상의 주인일 뿐이다.

　슈왈츠는 2009년 벨기에에서 열린 정원 축제에서 "가든 게임^{Garden}

보크너의 노트
(Mel Bochner, "Working Drawings and Other
Visible Things on Paper Not Necessarily Meant
to Be Viewed as Art", 1966)

솔 르위트의 "월 드로잉"
(Sol LeWitt, "Wall Drawing #260", 1968~2007)

마사 슈왈츠(Martha Schwartz)의 "가든 게임(Garden Game)"의 규칙과 완성된 모습

Game"이라는 프로젝트를 진행한다.[6] 그녀는 정원을 구상하면서 그 어떠한 도면도, 스케치도 그리지 않았다. 단지 정원을 만드는 규칙을 이메일에 써서 벨기에로 보냈을 뿐이다. 슈왈츠가 보내준 규칙대로 주사위로 던져 만들어진 생울타리 미로가 완성된다. 그리고 무용수들이 주사위와 돌림판, 끈, 말뚝으로 또 다른 게임을 진행하며 35개의 화단의 위치를 결정한다. 그 후에 시공 인부들이 다시 주사위와 돌림판을 사용하여 무용수들이 정한 위치에 놓인 화단을 채워나간다. 슈왈츠는 개념 예술가들처럼 정원을 만들어 나간다. 이 때 슈왈츠는 구체적 이미지 세계를 거기 없었다. 규칙을 만들어 냈을 뿐이다. 작품의 주체는 끊임없이 미끄러진다. 규칙을 제시한 슈왈츠에서, 화단의 위치를 정한 무용수로, 그리고 정원을 마무리한 인부들로.

움직이는 정원

현대에 들어서야 모든 예술 장르의 작가가 작품에 대한 지배력을 상실했던 것과는 달리 조경은 태생부터 작가가 완벽한 작품의 주인이 될 수 없었던 예술 분야였다. 바로 살아있는 재료인 식물 때문이었다. 자연을 다루어야 하는 조경가들은 어쩔 수 없이 작품의 상당 부분을 자연의 의중에 맡길 수밖에 없었다. 그럼에도 불구하고 사람들은 자연마저도 작가의 의지에 따라 통제하기를 원했다. 서양에서 정원이 독립적인 양식을 갖춘 예술적 공간이 된 시기는 정확히 식물에 대한 통제를 시작한 시기와 일치한다. 고정희는 다음과 같이 말한다. "이탈리아 르네상스 정원사는 식물의 속성을 파악하고 교묘한 방법으로 배치하여 원하는 장면을 연출해 내는 마스터였으며, 프랑스의 바로크 정원사는 실로 완벽한 식물 통제사였다."[7]

　　오랫동안 서양에서 정원은 곧 정형식 정원을 일컬었다. 정형식 정원에서는 변덕스러운 식물은 추방되고 길들이기 쉬운 식물만이 남는다. 나무는 전정되어 질서정연하게 배치되고 초본류는 파르테르[parterre] 형식의 화단에 갇혀 버린다. 바로크 후기에 이르러 화단은 아예 자갈, 모래, 모자이크로 대체된다.[8] 18세기에 영국에서 풍경화식 정원이 등장하고 나서야 비로소 수목은 형식적인 틀에서 자유로워진다. 그리고 19세기 말 초본류가 다시 정원에 초대된다. 로빈슨[William Robinson]과 지킬[Gertrude Jekyll]이 식물, 그중에서도 초본이 중심이 된 야생의 정원[wild garden]에 대한 개념을 제시하면서 풀과 꽃들은 정원의 주인공이 된다. 이제 조경가의 임무는 전정된 나무로 수벽을 세우고 기하학적 모양의 화단을 조성하는 것이 아니라 식물을 올바로 이해하고 그들이 어울릴 수 있는 풍경을 만드는 일이 되었다. 이를 위해서 조경가는 작품의 완벽한 지배자의 위치에서 내려와 많은 역할을 자연에게 돌려주어야 했다.

　　하지만 아무리 정원이 야생의 아름다움을 받아들였다 해도 정원은 인간의 손길이 닿지 않은 야생과는 달라야 했다. 억새가 물결치는 자연스러운 정원이라도 그 풍경은 자연의 억새밭과는 전혀 다르다. 왜냐하면 그 자연스러움조차도 작가에 의해 연출된 것이기 때문이다. 작가의 의지는 야생의 정원에서조차도 여전히 지배적이다. 조경가는 자연의 변화 가운데에서도 가장 강력하고 아름다운 순간을 창조해내고자 한다. 모든 것이 사라져가는 늦가을의 정원에도, 이미 모든 것이 죽은 듯 보이는 겨울의 정원에도 조경가의 심미적 의도가 담겨 있다. 그렇다면 우리는 자연히 묻게 된다. 정원에서 어디까지 작가가 개입해야 하고 어디까지 자연에게 맡겨두어야 하는가? 야생과 예술의 경계는 어디인가?

프랑스의 조경가 질 클레망Gilles Clément은 이 질문에 대해 '움직이는 정원moving garden'이라는 해답을 제시한다. 많은 이들이 움직이는 정원은 변화에 대한 소소한 지휘 표어이나 다 생각한다. 하지만 클레망은 우리의 고정관념처럼 정원의 식물들은 땅에 고착된 생명체가 아니라 자유롭게 움직이는 존재라고 말한다.[9] 1977년 클레망은 한적한 파리 교외에 한 부지를 구입하여 직접 집을 짓고 정원을 가꾸기 시작한다. 클레망은 이 "라 발La Vallée"이라는 이름의 정원에서 40년 가까이 움직이는 정원을 만들어 왔다. 그리고 움직이는 정원의 개념은 무수한 찬사를 받는 클레망의 많은 작품에 적용된다. 클레망은 움직이는 정원을 만드는 방법을 명료하게 설명한다.

"빈 땅을 마련해서 9월에 비가 내리기를 기다린다. 가을이 어느 날 비가 내린 땅에 자유롭게 준비한 식물의 씨앗을 뿌린다. 2~3주가 지나면 선옹초, 양귀비, 보리지, 뮤레인 등 초록 싹들의 향연을 보게 될 것이다. 다음 봄이 올 때까지 아무것도 하지 마라. 7월까지는 초화의 섬을 만들고 그 사이로 길을 내고 길가의 식물을 다듬어라. 이 시기의 정원의 꽃들은 순식간에 지고 가을에 다시 한 번 다른 종류의 꽃들이 화려하게 필 것이다. 꽃들이 씨앗을 퍼트리자마자 시든 꽃들을 정리하고 새로운 초화

질 클레망(Gilles Clément)의 "라발(La Vallée)"

의 섬을 만들어라. 이 과정에서 정원의 길은 최근에 만든 길일지라도 이미 바뀌었을 것이다. 이제 정원으로 돌아가 보면 모든 것이 달라졌을 것이다. 하지만 동시에 모든 것이 똑같을 것이다."[10]

클레망의 움직이는 정원에서 설계의 주체는 인간이 아니라 자연이다. 인간의 필요에 따라 풀과 나무를 베어내어 길을 내는 것이 아니라 자연이 점유하고 남은 공간이 자연스럽게 길이 된다. 그러나 이 정원은 야생의 정원과는 거리가 멀다. 정원사는 식물들의 움직임을 지속적으로 관리한다. 삐져나온 나뭇가지를 쳐내고 시든 꽃을 정리하고 새롭게 피어나는 싹을 다음해의 주인공으로 만들어 준다. 여전히 정원에서 작가는 필요하다. 하지만 여기에서 작가는 자아를 강요하는 창조자가 아니라 오히려 자연이 만들고자 하는 바를 실현해주는 조력자에 가깝다.

컴퓨터 아트[11]

1960년대, 지금까지의 예술과는 근본적으로 다른 사고와 나름 접근법의 예술이 시도된다. 오늘날 컴퓨터 아트라고 하면 선봉적인 예술의 표어 배체가 아닌 컴퓨터 그래픽을 활용하는 특수 효과나 시각 예술을 생각하게 된다. 하지만 컴퓨터 아트는 색다른 매체의 개발 정도가 아닌 더욱 근본적인 질문에서 시작된다. 인공 지능의 한계는 어디까지일까? 과연 인간이 아닌 컴퓨터가 예술적 창조에 도달할 수 있을까? 바르트가 작가의 죽음을 선언했어도 작가의 자리를 대체하는 이는 인간이었다. 어떠한 혁명적인 예술에서도 창조의 주체가 인간이라는 전제는 부정된 적이 없었다. 하지만 컴퓨터 아트는 창조의 행위가 신과 인간에게만 주어진 고유한 권리이자 능력이라는 신학적인 명제에 도전을 하고자 했다.

게오르그 네스Georg Nees, 프리더 나케Frieder Nake, 마이클 놀Michael Noll을 흔히 컴퓨터 아트의 삼인방이라고 부른다.[12] 컴퓨터 아트를 최초로 시도한 이들은 모두 컴퓨터 엔지니어였다. 네스는 컴퓨터가 만들어내는 무작위성randomness에서 예술적인 단초를 발견한다. 1965년에 그는 컴퓨터에 '무작위로 주어진 여덟 개의 점과 선을 그리되 그 도형은 닫혀 있어야 한다'

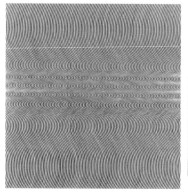

브리지트 라일리의 "Current"
(Bridget Riley, "Current", 1964)

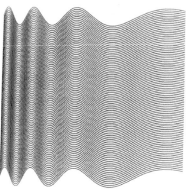

마이클 놀의 "Ninety Parallel Sinusoids With Linearly
Increasing Period"(Michael Noll, "Ninety Parallel
Sinusoids With Linearly Increasing Period", 1965)

게오르그 네스의
"Schotter"(Gerog Nees,
"Schotter", 1968)

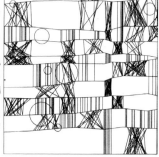

프리더 나케의 "13/9/65 Nr. 2"
(Frieder Nake, "13/9/65 Nr. 2(Hommage
à Paul Klee)", 1965)

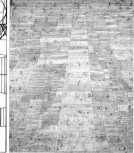

파울 클레의 "Hauptweg und
Nebenwege"(Paul Klee, "Hauptweg
und Nebenwege", 1929)

는 조건의 명령을 입력해 그림을 그리게 하였다. 1968년 네스는 무작위성

에 질서의 요소를 도입한다. 질서에서 무질서로의 변화를 만들어내는 프

로그램을 통해 만들어진 작품이 "Schotter"와 "Cubic Disarray"였다. 나

케와 놀은 한층 더 발전된 컴퓨터 아트를 시도한다. 1965년 나케는 '파

울 클레의 오마쥬'로 더 널리 알려진 작품 "13/9/65 Nr. 2"를 통해서 클레

의 작품 "Hauptweg und Nebenwege"와 거의 유사한 형태의 회화를 컴퓨터가 그릴 수 있다는 사실을 보여준다. 1964년의 놀이 프로그래밍을 통해 제작한 네 가지 패턴은 몬드리안의 구성 요소를 그대로 이용하여 만들어진 작품이다. 놀은 프로그램으로 라일리Bridget Riley의 옵아트와 유사한 작품을 만들어 심지어 어떤 평론가들에게게서는 그녀의 작품보다 낫다는 평가를 받기도 한다.

1973년 해롤드 코헨Harold Cohen은 예술가들을 모방하여 추상회화 비슷한 형태를 그리는 데 만족했던 과거의 프로그램과는 차원이 다른 소프트웨어를 개발한다. AARON이라는 이름의 프로그램은 추상화를 넘어서 스스로 주제를 찾아 구상화를 그릴 수 있게 된다. 그리고 AARON의 작품은 인간이 만든 작품의 단순한 모방이 아닌 작가로서의 독창적인 개성마저도 보여준다. 코헨은 본인은 프로그래머일 뿐 작품의 작가는 AARON이라고 말한다.[13]

컴퓨터 아트가 산물인 새로운 장소의 가시적 공간에도 영향을 미치기 시작한다. 1990년대에 이르러 컴퓨터를 활용한 3D 프로그램이 상용화되자 곧 건축의 영역에서 컴퓨터를 통한 디자인 방식이 개발된다. 알고리즘 건축 디자인algorithm architectural

AARON의 작품 "040502"

design이라고 불리는 새로운 설계 방식은 3D 프로그램에서 형태를 구현하는 데 사용되는 코드를 직접 조작하여 어떠한 건축가도 도달하지 못했던 새로운 형태를 창조하고자 한다.[14] 이와 같은 발상은 건축 설계에 대한 접근 방식을 완전히 바꾸어 놓았다. 누구나 건축가는 공간이라는 실체를 구상하고 그를 현실로 구현하기 위해 설계를 한다고 생각했다. 그러나 알고리즘 디자인에서 건축가는 형태를 생성하는 논리, 즉 프로그램의 코드를 구상할 뿐, 실질적인 공간의 형태를 결정하지 않는다. 프로그램을 만든 건축가조차 컴퓨터가 생성할 공간의 모습을 완벽히 예측할 수 없다. 고전적인 공간의 창조자이던 건축가는 그 역할의 상당 부분을 인공 지능에게 의존하게 된다.

디지털의 풍경

알고리즘 디자인이 건축의 영역에만 국한될 필요는 없다. 필자는 알고리즘 디자인을 조경 설계에 적용하는 실험을 한 적이 있다. 주어진 대상지는 스페인 북부의 산탄데르Santander라는 도시의 오염된 강 하구였다. 강을 정화하기 위해서 '준설된 토양을 처리한 후 자연의 자정 능력을 최대화할 수 있는 생태적 환경을 만든다'는 안이 제시되었다. 이 지역에 관광 산업을 육성하려던 시는 독특한 개성을 가진 경관을 원했다. 필자는 디자이너의 감각에 의존하는 고전적인 디자인 방식이 아니라 프로그래밍을 통해 완전히 새로운 형태의 지형을 만들어 내고자 했다. 마야Maya라는 그래픽 프로그램을 사용했지만 필자는 주어진 인터페이스를 사용하여 형태를 만들어 나가지 않았다. 단지 프로그래밍 툴을 통해 코드만을 입력했을 뿐이었다. 이 때 설계의 대상은 형태를 만들기 위한 논리였으며 그 결과물은 모형이나 그림이 아닌 컴퓨터 명령문이었다. 그리고 실질적인 형태를 창조하는 일은 컴퓨터가 실행했다.

총 세 개의 안이 제시되었다. 첫 번째와 두 번째 안은 대상지의 조건을 반영하지 않은 순수한 가상공간을 전제로 이루어졌다. 코드의 논리는 단순하다. 대상지를 평평한 판으로 가정했다 판은 수많은 그리드로 이루어져 있나 컴퓨터는 설계자가 지시한 순서에 따라 그리드의 꼭짓점들을 올리고 내려 새로운 지형을 만들어 낸다. 세 번째 안은 앞의 두 안과는 달리 강의 경계와 수위 등 대상지의 조건을 반영한 코드에 의해 만들어졌다. 이 때 형태의 생성은 수평적 판의 점들의 조작이 아니라 수학적으로 변형된 사인 곡선과 코사인 곡선을 연결하여 삼차원의 형태를 만드는 방식으로 이루어졌다 앞의 코드와 서로 다른 논리로 만들어졌지만 결과

컴퓨터 코드를 통해 생성된 지형의 각 이미지의 레이어들

물은 첫 번째 안과 매우 유사했다.

　물론 이러한 설계 방식은 실험일 뿐이었다. 어느 안이 실제로 오염된 토양의 처리에 적합한지, 주변의 맥락과 잘 연결될지, 생태적인 자정 능력을 극대화할 수 있을지에 대한 판단은 불가능했다. 아마도 모든 조건을 종합적으로 고려하려면 설계자가 전통적인 방식으로 설계를 진행하는 편이 가장 적합할지도 모른다. 하지만 알고리즘 디자인은 인간의 경험과 능력을 넘어서 이제까지 경험해보지 못한 공간을 창조할 수 있는 실마리를 열어준다. 인간이 절대적 위치에서 내려올 때 인간의 가능성은 한 단계 더 확장된다.

남에게 미루는 설계

"디자이너는 더 이상 영웅적인 작가나 계획가의 자세로 회의에 들어갈 수 없다. 그는 참여하고, 대화하고, 공유하고, 의견을 굽히고, 수정할 준비를 해야만 한다. 오늘날 점점 더 많은 프로젝트에서 건축가, 조경가, 교통 전문가, 생태학자, 경제학자, 예술가, 정치가들은 한 테이블에 앉아 협력하고 함께 일할 것을 요구받고 있다."[15] 코너James Corner의 말이다. 굳이 작가의 죽음을 선언하지 않더라도, 자연의 의지에 따라 정원을 조성하지 않더라도, 컴퓨터가 형태를 만들도록 명령어를 입력하지 않더라도, 작가가 설계를 지배한다는 생각은 이미 낡은 고정관념이 되어버렸다. 남과 역할을 나눌 수 있는 설계를 할 때 설계가는 아집과 편견에서 벗어나게 된다. 작가가 죽고 나서야 비로소 새로운 설계가 탄생한다.

1   Roland Barthe and Stephen Heath trans., *Image-Music-Text*, London: Fontana Press, 1977, pp.142~148.

2   "L.H.O.O.Q"는 프랑스어로 읽으면 'Elle a chaud au cul'이라는 문장과 같이 발음된다. 이 문장의 의미는 '그녀의 엉덩이는 뜨겁다'가 된다. 뒤샹은 다양한 크기와 재료를 사용하여 여러 개의 "L.H.O.O.Q"를 선보였다. "샘"이 레디메이드(ready-made)였다면 "L.H.O.O.Q"는 보조된 레디메이드(ready-made assisted)라고 불린다. 디 음 을 참조. M. 킬루니스구, 이영욱·백하울·우무석·백지숙 역, 『모더니티의 다섯 얼굴』, 시각과언어, 1993.

3   [illegible] London: Thames and Hudson, 2004, pp.18~51.

4   앞의 책, pp.156~161.

5   진중권, "진중권의 현대미술 이야기", 「경향신문」 2012년 10월 12일자.

6   www.marthaschwartz.com

7   고정희, "100장면으로 재구성한 조경사: 누가 식물을 두려워하는가", 『환경과조경』 2014년 5월호, p.129.

8   고정희, 『고정희의 바로크 정원 이야기』, 나무도시, 2008.

9   Alessandro Rocca, *Planetary Gardens: The Landscape Architecture of Gilles Clément*, Basel: Birkhäuser Architecture, 2007, p.17.

10   앞의 책, p.15.

11   컴퓨터 아트(computer art)는 표현 매체로서 컴퓨터를 사용하 [illegible] 매체 아니나 이바 아트바 [illegible] computing art, computational art, algorithm art 등 나닝한 병성으로 불린다.

12   초기 컴퓨니 아티스트들의 싱이 보부 N으로 시삭해서 일반척으로 이 세 명을 3N이라고 부르기도 한다.

13   www.aaronshome.com/aaron/index.html

14   다음을 참조. Kostas Terzidis, *Algorithmic Architecture*, London: Routledge, 2006.

15   James Corner, "Landscape Urbanism", in *Landscape Urbanism: A Manual for the Machinic Landscape*, eds., Moshen Mostafavi and Ciro Najile, London: AA Publications, 2003, pp.58~63.

13

딴짓하기

딴짓하지마

상담 어땠냐고? 결론부터 말하자면 딴짓하지 말라고 하시네. 처음에는 훈훈한 분위기로 시작했지. 그러다 복수 전공 이야기를 꺼내니까 안색이 변하시면서 3학년이 되면 전공에 집중을 하는 것이 좋다, 요즘처럼 경기가 어려울 때일수록 전문적인 능력을 배양해야 한다고 하시는 거 있지? 솔직히 말하자면 그럴 때마다 내가 복수 전공을 고민하는 것 아니겠니? 요즘 어디서나 융·복합에 크로스오버를 외치는 시대인데 전공에만 집중하라니. 물론 처음부터 이 전공이 좋아서 선택을 했고, 그중에서도 설계가 재미있었던 것은 사실이야. 하지만 그렇다고 꼭 전공에 들어맞는 회사에 들어가서 전공과 관련된 일을 해야 하는 게 맞을까? 난 잘 모르겠어.

간추린 조경의 역사

1858년 옴스테드 Frederick Law Olmsted는 센트럴 파크 공모전에서 근대적 의미의 조경 landscape architecture이라는 개념을 처음으로 사용한다.[1] 그리고 5년 뒤 센트럴 파크의 책임자 지위에서 물러나면서 공식적으로 본인을 조경가 landscape architect로 지칭한다.[2] 옴스테드가 스스로를 최초의 조경가로 선언한 이 날은 조경이 독립된 전문 분야로 출발하게 되는 상징적인 날이기도 했다.[3] 물론 옴스테드 이전에도 정원, 공원, 광장, 가로 등 조경의 대상들은 존재했다. 그러나 조경의 개념이 제시되고 나서야 비로소 이들은 하나의 종합된 방법으로 다룰 수 있는 동일한 영역의 대상으로 인식되기 시작했다. 19세기가 끝나고 현대가 시작되는 시점에서 옴스테드는 새로운 시대가 필요로 하는 조경이라는 새로운 분야를 만들어냈다.

옴스테드가 조경이라는 분야를 만든 지 100년 후 조경은 환경 계획 environmental planning이라는 새로운 분야를 창조해 낸다. 20세기 초 생태학이라는 학문 분야가 등장한 이후로 환경에 대한 이해와 관심은 나날이 증대되고 있었다. 그러나 1950년대까지도 생태학의 성과를 현실에 적용할 구체적인 대안은 마련되지 않았다. 펜실베이니아 대학교의 조경학과 교수였던 맥하그Ian L. McHarg는 생태학을 접목한 과학적 조경 계획의 방법론을 제시한다.[4] 그가 제시한 이론을 바탕으로 GIS라는 프로그램이 개발되고, 이는 이후 인간이 다루는 모든 공간을 이해하고 연구하는 데 필수적인 도구가 된다. 맥하그를 통해서 이제 조경가의 역할은 공간과 관련된 인문적·자연적 시스템 전체를 다루는 범위로 넓어진다.

1980년대 말 조경은 예술이 되고자 한다. 20세기 중반까지만 하더라도 일부 예술가의 정원을 제외하고 대다수의 조경 작품은 제대로 예술적 가치를 인정받지 못했다. 특히 맥하그가 조경의 과제를 과학적 계획으로 제시하면서 더욱 조경은 예술과 멀어져가는 듯 보였다. 이러한 경향에 반기를 든 새로운 작가들이 등장한다. 피터 워커는 다양한 작품을 통해 조경이 공간에 새로운 예술적 가치를 부여할 수 있음을 보여준다. 마사 슈왈츠는 아방가르드적인 팝아트의 미학을 그대로 조경 작품으로 구현했으며, 마이클 반 발켄버그와 조지 하그리브스는 자연과 야외 공간을 예술적 매체로 보고 조경과 환경 예술의 경계를 허문다. 이러한 다양한 시도를 통해 조경의 범위는 예술과 문화의 영역으로 다시 한 번 넓어진다.

1996년, 미국 필라델피아[5]

제임스의 표정이 좋지 않다. 원래 표정이 밝은 사람은 아니지만 오늘따라 고민이 있는 듯하다. 한참이 지난 후에 제임스가 먼저 말문을 열었다.

"찰스, 요즈음 조경에 대해서 어떻게 생각하나?"

"요즈음 조경이요? 그래도 뛰어난 작가들이 많아서 과거에 비해 위상이 꽤 올라갔다고 생각해요. 워커 교수님도 대단하시고, 마사 슈왈츠, 주지 하그리브스, 켄 스미스, 그리고 마이클 빈 발켄버그도 훌륭하고요. 이런 작가들이 보여주는 작품성을 예술계나 건축계에서도 인정해주는 것 같던데요."

"그래, 물론 요즘 꽤 잘하는 작가들이 많지. 그런데, 이제 조경의 문제는 다 해결된 걸까? 솔직히 최근 미국조경가협회에서 상을 받은 작품들이나 『Landscape Architecture』에 실리는 작품들을 보라고. 예술가들 흉내를 내면서 미니멀리즘이니, 팝아트니, 해체비슷 이야기를 떠들이 대지만 결국에는 돈벌이에 도움이 될 상업화된 공간을 만들면서 토목에서 망쳐놓은 환경을 녹색으로 꾸미는 일에 불과하다고. 물론 자네가 이야기한 작가들이 가지는 분명히 신경쓰이지. 하지만 대다수의 조경가들은 늘 반복되어온 장식적인 배경만을 만들어 오지 않는가? 몇몇 작가들이 소수의 뛰어난 작품을 만들면 뭐가 바뀌는가? 본질적인 문제는 전혀 해결하지 못하는데."

"그럼 교수님은 무엇이 문제라고 보시죠?"

"도시지. 요즘 미국 도시를 보라고. 아무도 도시를 디자인 하지 않아.

이미 도시계획은 오래전에 디자인에서 손을 놓고 정책과 행정의 문제만 신경 쓰고 있어. 건축도 그래. 모더니즘 도시계획이 실패한 뒤 그들은 도시에 대해서 무슨 이야기를 하는가? 고작 한다는 이야기가 뉴 어바니스트들의 복고주의라고. 도대체 21세기를 앞둔 시점에서 왜 18세기의 도시들을 모델로 삼으려고 하는 것인지. 결국 그들이 무분별한 도시 확산 현상을 비판하면서 해놓은 것이 무엇인가? 뉴 어바니스트들이 중요한 도시의 중심가들을 회복시켰다는 이야기는 못 들어봤네. 오히려 교외에 저밀도 단지들 계획만 하고 있다고. 그것도 돈 있는 백인 중산층만 울타리를 치고 사는 그런 단지들이지. 지금 조경이 신경 쓸 것은 몇몇 예술적 작품이 아니라 도시를 재조직할 수 있는 새로운 시스템이야."

"사실 예전부터 조경이 도시를 안 다루었던 것은 아니잖아요. 옴스테드만 하더라도 도시 녹지 체계도 제시하고 보스턴의 에메랄드 네클레스 Emerald Necklace만 하더라도 도시 전체를 관통하는 공원이고요. 그리고 1960년대 히데오 사사키Hideo Sasaki도 하버드에서 도시설계라는 분야를 만드는 데 참여하기도 했고요. 비록 그리 큰 역할을 하지는 못하긴 했지만."

"아니야. 내가 이야기하는 방향은 그런 전통적인 조경의 방식과는 전혀 달라. 사사키가 왜 실패했다고 생각하나? 결국 사사키는 당시 도시설계를 주도했던 건축의 뒤치다꺼리를 하러 들어간 것이었다고. 결정적인 방향은 제시하지 못하고 도시의 남은 공간들을 녹색으로 채우려다보니 실패할 수밖에 없지. 도시를 다루려면 옴스테드나 사사키처럼 건축가들이나 계획가들이 떼어주는 남는 땅만 다루면 안 돼. 아예 경관을 통해서

도시 전체를 다룰 수 있어야 새로운 도시를 만들 수 있어."

"조경이 주도하는 도시인가요? 어디 건축이나 도시계획에서 가만히 있겠어요? 아무리 미국 조경이 성장했다고 해도, 아직 인력이나 파워에서 다른 분야에 상대가 안 된다고요."

"이봐, 찰스. 내가 언제 조경이 도시를 만들어야 한다고 했나? 솔직히 말해 나는 피터 워커와는 달리 조경계가 어떻게 되든 상관이 없어. 조경계의 영향력과 주도권? 내가 하는 이야기는 어느 특정 분야의 이야기가 아니야. 오히려 이것은 분야의 경계를 허무는 이야기야. 건축도 아니고, 토목도 아니고, 조경도 아닌 여러 전문가들이 하나의 집단이 돼서 도시를 다루어야 한다고. 다만, 내가 볼 때 21세기의 도시를 다루는 데 제일 적합한 매체는 계획의 법규도 아니고, 건축의 블록도 아니고, 이를 다 아우를 수 있는 랜드스케이프landscape야. 랜드스케이프가 중심이 되는 도시를 만들려면 조경은 기존의 조경을 버려야 해. 어차피 조경이라는 분야 자체가 계속 새로운 영역을 개척하며 정체성을 만든 분야 아니냐? 19세기까지만 해도 조경이라는 영역 자체가 존재하지 않았다고."

"그런데 그런 것이 실제로 가능하겠어요? 지금까지 토목은 길을 만들고, 건축은 건물을 만들고, 조경은 정원이나 공원을 만들었잖아요. 자칫 결과는 없는 이상만 제시하다가 끝날까봐 걱정이 되네요."

"이것을 좀 보게. 바르셀로나에서 최근에 완성한 트리니타트 파크Trinitat Park야. 무엇처럼 보이나? 그래. 일단은 거대한 고속도로 인터체인지이지. 그런데 그 안에는 거대한 공원이 있어. 공원의 경계가 되는 도로 하부에

트리니타트 파크(Trinitat Park)의 지형과 경계

트리니타트 파크의 조감 이미지

트리니타트 파크의 내부 풍경

는 편의시설과 주차장이 들어서 있고. 기반시설이자, 건물이자, 공원인 셈이지. 기존의 도시계획에서는 나올 수 없는 복합적인 형태의 공간이야. 다음은 네덜란드의 조경설계사무소 West 8의 프로젝트야. 보르네오 스포렌버그Borneo Sporenburg에서 West 8은 우리가 알고 있는 방식의 조경을 하지 않아. 오히려 이 구역에서 공원은 필요가 없다고 빼버리지. 이 안에는 작은 중정 스케일의 조경과 거대한 도시적 구조로서의 경관만이 존재해. 정작 West 8이 설계한 것은 경관의 구조와 단계별 전략이지."

"조경도 아니고, 건축도 아니고, 그렇다고 도시계획도, 토목도 아닌 접근 방식이라. 이를 뭐라고 부르면 좋을까요?

"글쎄 나는 이런 생각을 도시로서의 경관Landscape as Urbanism이라고 불러왔는데."

"그것보다는 랜드스케이프 어바니즘은 어떨까요? 이즘ism이 들어가니 사조 같기도 하고요."

"나쁘지 않은네. 아예 자네가 전시회상 컨퍼런스를 기획해보지. 자네 학교인 일리노이 대학교에서 주최하는 게 좋겠네. 말이 나온 김에 당장 내년에 개최해보지. 그 날이 랜드스케이프 어바니즘의 출발점이 되겠군."

랜드스케이프 어바니즘

1997년 랜드스케이프 어바니즘이 선언된다. 그러나 딱히 정리된 텍스트도, 확실한 실처실 프로젝트들도 보여주지 못한 랜드스케이프 어바니즘에 대한 조경계의 반응은 미지근했다. 오히려 랜드스케이프 어바니즘에 많은 관심을 보인 이들은 건축가였다. 왈드하임이 교수진으로 있던 일리노이 대학교 건축학과는 1997년 최초로 랜드스케이프 어바니즘을 독립된 교과 과정으로 개설하고, 모스타파비Moshen Mostafavi가 학장으로 있던 영국의 명문 건축학교 AAArchitecture Association는 1999년 랜드스케이프 어바니즘 과정을 대학원에 도입한다. 건축가들이 쓴 랜드스케이프 어바니즘에 대한 소개 글들이 건축 잡지에 하나씩 등장하기 시작한다.[6]

2001년 코너는 프레시 킬스Fresh Kills 공모전의 당선작을 통해 랜드스케이프 어바니즘의 새로운 설계 방식을 보여준다. 완성된 공간이 아닌 계속해서 변해가는 공원을 추구했다는 점에서 코너의 "라이프스케이프Lifescape"는 바로 이전 해에 열린 다운스뷰 파크Downsview Park 공모전의 당선작 "트리 시티Tree City"와 닮아 있다. 그러나 공간의 형태적 대안을 제시하지 못하고 다이어그램의 수준에 머물렀던 트리 시티와는 달리 라이프스케이프는 시간에 따른 명확한 공간적 변화를 제시했다. 생태적 변화에 근거한 복합적인 공간의 진화 시스템을 보여준 라이프스케이프는 프로그램 이용의 변화에만 초점을 맞추었던 트리 시티에 비해 확실히 진일보한 설계안이었다. 하지만 프레시 킬스는 실현되지 못하고 랜드스케이프 어바니즘은 개념적인 안으로만 존재하는 실천으로 당분간 머물 수밖에 없었다. 하이라인이 등장하기 전까지 말이다.

2004년 공모전에서 당선되어 2009년 개장을 한 하이라인은 폭발적인 관심을 얻는다. 전문가들의 긍정적인 평가가 쏟아졌음은 물론, 대중들도 하이라인을 보기 위해 웨스트 첼시 지역에 몰려들었다. 하이라인은 녹색과 휴식을 제공하는 단순한 공원이 아니었다. 랜드스케이프 어바니즘의 예언처럼 이 프로젝트로 인해 도시 구조가 바뀌었다. 도로의 전면을 향하던 건축적 욕망은 이제 하이라인과 접속하기 위해 꿈틀거렸다. 급기야 스탠다드 호텔Standard Hotel은 하이라인과 교배에 성공해 아예 하이라인과 결합해버렸다. 세계적인 건축가들의 건물들이 속속들이 하이라인 주변에 들어섰다. 이 말은 단순히 도시 구조의 변화를 의미하지 않는다. 주변 상권의 가치가 송두리째 바뀌었고 맨해튼의 구석에 불과하던 웨스트 첼시는 어느 순간 맨해튼에서 가장 뜨거운 장소가 되었다. 이것이 랜드스케이프 어바니즘의 설계 때문인지 아니면 상황적 조건들이 맞아서 나타난 결과인지는 불분명하다. 하지만 분명한 사실은 랜드스케이프 어바니즘의 실현된 실천이 어마어마한 성공을 거두었다는 것이다. 그러나 하이라인은 랜드스케이프 어바니즘이 써내려간 계시의 진정한 도래는 아니었다. 프레시 킬스와 하이라인 모두 과거와는 다른 설계의 방식을 보여주었지만, 그 실체는 과거의 공원과 크게 다르지 않았다. 랜드스케이프 어바니즘은 이제 조성, 건축, 토목의 설계를 넘어서는 새로운 도시의 모습을 보여주어야 했다. 2010년 코너는 세계적인 건축가들과 경합을 벌여 중국 센젠의 신도시 치안하이Qianhai 도시설계 공모전에서 당선된다. 코너는 도시의 구획된 블록에 밀도와 토지 이용을 할당한 후, 건축적인 대안을 통해 도시를 만들어 나가는 다른 안들과는 근본적으로 다른 설계의 방식을 보여준다. 코너는 중국 남부의 최대의 수변 도시를 만들려는 야심찬 중국 정부의 계획에 지명적인 문제점이 있다고 지적한다. 도시가 들어서기도 전에 이미 이 지역의 수질은 최악의 상태다. 지금도 주변 개발지의 하수를 처리하지 못해 악취가 풍기는 수변공간에 아무리 멋진 건축물과 화려한 가로를 만든다고 해도 이 도시는 실패할 수밖에 없다. 새로운 도시의 성공은 전적으로 어떻게 수질을 향상시키느냐에 달려 있다. 코너는 우선 다섯 개의 거대한 선형 공원을 만든다. 손가락 모양으로 도시를 관통하는 이 공원들은 거대한 수질 정화 장치다. 이 복합적인 도시 기반시설은 도시 전체의 구조를 형성한다. 고전적인 도시 만들기의 기본이라고 생각했던 요소들은 오히려 늘 마지막에 고려되던 녹지 구조가 만들어진 이후에 들어온다.

그라운드랩Groundlab이 2011년 제시한 상하이 지아딩Jiading 지구 설계안은 더욱 급진적인 랜드스케이프 어바니즘의 혼성적 성향을 잘 보여준다. 이 도시설계안은 과거 중국의 신도시들이 가장 선호했던 격자형 구조와는 확연히 다른 형태의 구조를 보여준다. 고전적인 도시들이 격자를 따라 구성되었던 가장 큰 이유는 교통 동선의 효율 때문이다. 지금까지는 도로망이 전체적인 도시의 구조를 만들면 그 사이에 형성되는 블록을 다시 격자형으로 배치되는 건축물들이 채움으로써 도시가 만들어졌다. 하지만 랜드스케이프 어바니즘은 당연하게 받아들여지던 이러한 원칙들에 의문을 제기한다. 과연 격자형의 도시는 교통의 문제를 해결하였는가? 그렇게 만들어진 중국의 신도시들의 삶의 질은 향상이 되었는가? 이 안의 설계가들은 상하이 지역의 가장 중요한 문제를 기후와 관련된 에너지 소비와 오염으로 보았다. 세계 어디에서나 적용되어온 보편적인 격자형 도시는 덥고 습한 상하이에는 맞지 않다. 새로운 지아딩 신도시 설계에서 가장 우선적으로 고려한 계획 요소는 바람길과 물길이다. 바람이 통과하면서 도시의 열섬현상을 낮추고 언제나 과부하가 걸리는 우수 처리 기반 시설을 고려하여 자연적인 배수가 이루어지도록 도시 구조가 형성된다. 그리고 이 틀 위에서 건축과 교통의 문제를 해결한다. 이렇게 만들어진 랜드스케이프 어바니즘의 도시는 기존의 조경, 건축, 토목이 만들어오던 도시와는 전혀 다른 새로운 모습의 모델을 제시한다.

과거 vs 미래

영역적 경계의 파괴, 비결정성과 유동성, 기존의 질서와 대결. 그동안 접해온 랜드스케이프 어바니즘의 담론이 제시하는 주장들은 어렵기도 하거니와 대단해 보여서 학생이나 갓 실무를 시작한 젊은 조경가들은 먼발치에서나 동경의 눈으로 바라보아야 할 것 같은 느낌을 준다. 그러나 사실 실무에서 별다른 관심을 보이지 않던 무렵 랜드스케이프 어바니즘의 실험을 이끌던 주체는 학교였고 학생들이었다. 지금도 가장 혁명적인 설계의 실험들은 세련한 사자들이 아니라 틈에 얽매이지 않은 학생들의 머리에서 나온다.

다음 설계안은 미국 미시간 대학교 학생의 작품이다.[7] "풍요의 자요선Meridian of Fertility"이라는 제목의 이 작품이 다루고 있는 대상지는 동서로 800km, 남북으로 3,200km에 달하는 거대한 미국의 대평원이다. 대평원은 19세기 초만 해도 불모지로 여겨졌다. 그러나 19세기 말 내평원의 지하수를 농업용수로 활용할 수 있는 기술이 개발되면서 이 식은 세세 최고의 생산성을 자랑하는 농경지가 된다. 하시만 최근 들이 학자들은 2050년이면 내평원의 지하수는 고갈될 것이라는 예상을 내놓았다. 설계자는 대평원에 대한 생태적 논의들을 분석한 뒤 이례적인 결론을 내린다. 대평원의 경작지를 유지할 대안은 존재하지 않는다고 밝힌 것이다.

대부분의 설계가들은 제시한 설계적 대안이 주어진 문제를 해결하지 못할 때 실패한 설계라고 여긴다. 하지만 이 설계자는 불가능한 문제를 억지로 해결하기보다 질문 자체가 잘못되었다고 지적한다. 문제는 어떻

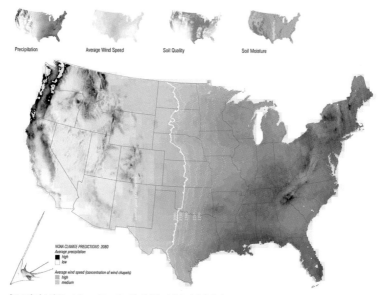

Precipitation   Average Wind Speed   Soil Quality   Soil Moisture

NOAA CLIMATE PREDICTIONS: 2080
Average precipitation
■ high
■ low

Average wind speed (concentration of wind chapels)
high
medium

"풍요의 자요선(Meridian of Fertility)", 대평원 경작지 경계의 후퇴

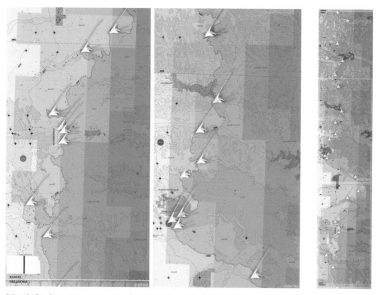

"풍요의 자요선(Meridian of Fertility)", 경계를 정하기 위한 미기후 데이터를 수집하는 스테이션

13. 딴짓하기

게 경작지를 회복할 것인가가 아니라 어떻게 포기할 것인가다. 이 설계안은 지금과 같은 대량의 용수가 필요한 경작의 방식이 아닌 아메리카 인디언의 건식 경작을 도입한다. 어쩔 수 없이 농업 생산량은 절반 이하로 떨어지고 대부분의 대평원의 경작지는 다시 자연으로 돌아간다. 그러나 이 환원의 과정은 그 부작용을 최소화하기 위해 단계적으로 이루어진다. 우선 플라야playa라는 초원의 분지를 활용한다. 대평원의 대부분의 강우는 플라야로 모여서 지하수가 된다. 자연히 플라야는 다른 지역보다 많은 물이 모이고, 플라야를 씨앗에서 싹 맺기를 만드면 지하수를 고갈시키지 않고도 최소한의 농업 생산력을 유지할 수 있다. 이제 대평원의 경작지의 경계는 점점 강수가 풍부한 동쪽으로 후퇴한다. 이때 최적의 경계를 찾기 위해 기후의 변화와 특성을 예측하는 스테이션이 대평원 곳곳에 설치된다. 마지막 전략으로 스테이션이 찾아낸 농경지의 한계선을 물리적으로 구분하기 위해 벽 포기요 그 설치다. 방법을 다양한 미기후를 만들어 냄으로써 분성시 암세시의 후퇴를 최대한 늦춘다.

하버드 대학교의 대학원생 루Xiaoxuan Lu는 베트남 전쟁 당시 가장 많이 폭격을 당한 베트남과 라오스의 국경지대를 대상지로 설계 프로젝트를 진행한다.[8] 설계자는 세 가지 유형의 독특한 지역적 경관에 주목한다. 첫째는 폭탄의 경관이다. 폭탄이 떨어진 곳에는 밀림이 불타면서 만들어진 웅덩이들이 남아 있다. 둘째는 농경지의 경관이다. 열대 우림에서 농사를 짓기 위해 이 지역의 주민들은 숲의 일부를 태우고 1년 뒤에 농사를 짓는 화전을 반복해 왔다. 그리고 금의 경관이다. 이 지역은 동남아시아 최대의 금 매장량을 자랑한다. 땅 속의 금을 채굴하기 위해서는 밀림을 제거하고 굴착을 하게 된다. 그런데 전혀 상관이 없어 보이는 이 독특한 경관들은 서로 닮아 있다. 폭탄, 농경지, 금광, 밀림의 제거를 수반하는 세 가지 요소들은 밀림에 구멍이 난 듯한, 형태적으로 거의 유사한 경관을 만들어낸다. 설계자는 이러한 경관적 유사성을 통해 폭탄 제거, 경작, 금광 채굴을 저마다의 목적에 따라 독립적으로 이루어지는 행위가 아니라 서

하버드 대학교 대학원생 샤오수안 루(Xiaoxuan Lu)가 분석한 라오스 국경 일대의 세 가지 경관 유형

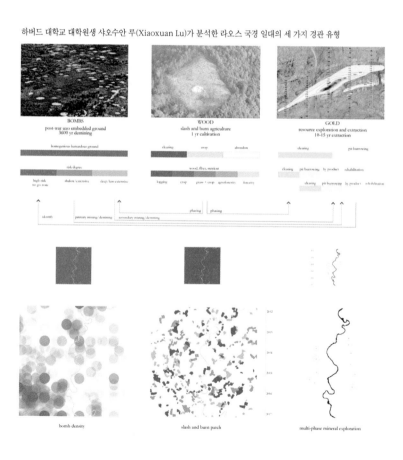

로가 밀접하게 연관된 하나의 체계로 엮고자 한다. 우선 자본이 풍부한 금광 회사들은 채굴을 위해서 불발탄을 제거해야 한다. 제거된 불발탄은 폐기되는 것이 아니라 가난한 농촌 주민들의 시설물을 만들 자재로서 활용된다. 그리고 채굴이 끝난 장소는 이후에 주민들에게 돌려주어 경작지로 활용된다. 이러한 과정을 거치면 환경을 파괴한다는 비난을 항상 받는 금광 회사들의 작업이 오히려 불발탄을 제거해주는 친환경적인 활동이 된다. 그리고 경작을 위해 밀림을 태워왔던 주민들은 더 이상 자연 환경을 파괴하지 않고도 경작지로서의 최적의 조건을 갖춘 땅과 함께 불발탄의 고철을 활용한 다양한 자원도 함께 제공받게 된다.

이 두 학생 작품을 보면 몇 가지 사실에 놀라게 된다. 우선 설계의 대상지가 너무나도 거대하다. 이들이 설계를 하고자 한 부지는 전통적인 설계 대상지의 영역을 한참 벗어난다. 또 한 가지는 설계 작품이라고 하지만 공간 디자인에 대한 제안은 딱히 존재하지 않는다는 점이다. 미시간 대학교 작품의 경우, 기계 장치처럼 생긴 스테이션을 제외하고 물리적인 공간에 대한 디자인은 아예 없다. 하버드 대학교의 경우도 마찬가지다. 이 작품은 온통 복잡한 다이어그램들로만 채워져 있다. 전통적인 시각에서 본다면 이들 작품은 설계가 아니다. 그리고 조경의 영역에 속한다고 말하기도 어렵다. 그렇다면 이러한 광역적인 시스템에 대한 설계는 어떤 영역의 몫일까? 토목인가, 건축인가, 생태학인가, 도시계획인가? 아마도 그 어떠한 영역에도 명확히 맞아 떨어지지 않을 것이다. 왜냐하면 이러한 방식의 설계와 접근은 이전까지는 존재하지 않았던 새로운 것이기 때문이다. 이미 조경의 새로운 세대는 구차한 영역적 테두리를 버리고 새로운 영역에 도전하기 시작했다.

Here and Now

조경의 영역은 작다. 다른 분야에 비해 학교의 수도, 배출되는 인력도, 산업의 규모도 작다. 정부 기관에서도, 대기업에서도, 연구소에서도 조경을 위한 자리는 많지 않다. 작은 조경 안에서 설계의 영역은 더욱 작아진다.

그러나 조경의 작음은 기성세대가, 기존의 시스템이, 과거가 만들어 놓은 작음이다. 조경은 태생부터 과거에는 존재하지 않았던 새로운 분야였다. 그래서 원래 조경의 것이었던 대상은 애초부터 존재하지 않았다. 단 하나 조경이 기댈 수 있는 대상이 있었다면 그것은 미래였다. 그래서 조경은 언제나 과거에 기대지 않고 새로운 영역을 만들어내고 확장함으로써 존재해 왔다. 그런 의미에서 조경은 작지 않다. 조경의 외연은 무한에 가까울 만큼 거대하다. 그렇다면 누가 새로운 조경을 만들어 내고 미래를 확장해야 하는가? 그 주체는 과거의 세대가 아닌 현 세대다. 그것이 다른 누구도 아닌 바로 오늘날의 그대에게 주어진 과제이며 현실이다.

Here and Now. 바로 지금, 여기에서.

1 옴스테드가 '조경'이라는 용어를 처음 사용한 것은 아니다. 메송(Gilbert Laing Meason)은 1828년 이탈리아 풍경화를 분석하면서 조경이라는 용어를 사용했으며, 라우든(John Claudius Loudon) 역시 건축의 한 유형으로서 조경을 정의하였다. 다우닝(Andrew Jackson Downing)은 1841년의 논문 "A Treatise on the Theory and Practice of Landscape Gardening, Adapted to North America"에서 조경의 개념을 사용하기도 했다. 그러나 이때 조경이 의미하는 바는 오늘날 근대적 의미의 조경과는 차이가 있다.

2 Walter Rogers, *The Professional Practice of Landscape Architecture*, New York: John Wiley & Sons, 2011, p.2.

3 Norman T. Newton, *Design on the Land: The Development of Landscape Architecture*, Cambridge: Belknap Press, 1971, p.273.

4 Ian L. McHarg, *Design with Nature*, New York: John Wiley & Sons, 1969.

5 제임스 코너와 찰스 왈드하임의 대화는 『Praxis 4』에 실린 랜드스케이프 어바니즘의 기원에 대한 왈드하임의 기술을 바탕으로 필자가 재구성한 내용이다. 왈드하임은 1996년 코너와 'landscape as urbanism'이라는 개념에 대해서 대화를 하다가 랜드스케이프 어바니즘이라는 용어를 만들었다고 기술하고 있다. 당시 코너는 펜실베니아 대학교의 조경학과 학과장이었으며, 왈드하임은 시카고 일리노이 대학교 건축학과 교수였다. Charles Waldheim, "Landscape Urbanism: A Genealogy", *Praxis 4*, pp.10~17.

6 건축평론가 러셀(James S. Russell)은 『Architecture Record』에 랜드스케이프 어바니즘에 대한 긍정적인 소개글을 썼으며 건축이론가 쉐인(Graham Shane)은 『Harvard Design Magazine』에서 랜드스케이프 어바니즘을 주목할 새로운 이론과 실천으로 평가한다. James S. Russel, "It's the future not a contradiction. Landscape Urbanism", *Architectural Record* (8), 2001, pp.66~74; Grahme Shane, "The Emergence of Landscape Urbanism", *Harvard Design Magazine* (19), 2003, pp.1~8.

7 www.asla.org/2014studentawards/464.html

8 www.asla.org/2012studentawards/124.html

- 고정희, "100장면으로 재구성한 조경사: 누가 식물을 두려워하는가", 『환경과조경』 2014년 5월호, 2014.
- 고정희, 『고정희의 바로크 정원 이야기』, 나무도시, 2008.
- 구본덕, "과제 설계시의 건축 설계 개념 유형과 특성에 관한 연구", 『대한건축학회논문집 계획계』 22(5), 2006.
- 글램 질로크, 노명우 역, 『발터 벤야민과 메트로폴리스』, 효형출판, 2005.
- 김영나, 『서양 현대미술의 기원 1880~1914』, 시공사, 1996.
- 김영민, "우리 시대의 명작을 재구성하며, 도시+아치+강 2015 공모전(1)", 『환경과조경』 2010년 11월호, 2010.
- 김영민, "우리 시대의 명작을 재구성하며, 도시+아치+강 2015 공모전(2)", 『환경과조경』 2011년 1월호, 2011.
- 로버트 휴스, 최기득 역, 『새로움의 충격: 모더니즘의 도전과 환상』, 미진사, 1993.
- 류임수·최부혁, "디자인 개념 도출인자의 중요도를 고려한 설계 과정", 『대한건축학회논문집 계획계』 20(12), 2004.
- 배정한 엮음, 『용산공원 - 용산공원 설계 국제공모 출품작 비평』, 나무도시, 2013.
- 배정한, "다운스뷰 파크 국제설계경기를 통해 본 조경 설계의 새로운 전략", 『한국조경학회지』 29(6), 2001.
- 배정한, "현대 조경설계의 전략적 매체로서 다이어그램에 관한 연구", 『한국조경학회지』 34(2), 2006.
- 배형민 저, 박정현 역, 『포트폴리오와 다이어그램』, 동녘, 2013.
- 봉일범, 『프로그램 다이어그램』, 시공문화사, 2005.
- 비난트 클라센, 심우갑·조희철 역, 『서양건축사』, 대우출판사, 1996.
- 서동욱, "칸트와 유럽 현대 철학: 들뢰즈의 초월적 경험론과 칸트", 『칸트연구』 7, 2001.
- 서울시립대학교 환경생태계획연구실, 『곡성군 환경생태조사 및 자연자원화 방안 연구』, 2011.
- 스태니스라우스 폰 무스, 최창길 역, 『르 꼬르뷔제의 생애』, 1990, 기문당.
- 에릭 홉스봄, 정도영·차명수 역, 『혁명의 시대』, 한길사, 1998.
- 이와사부로 코소, 서울리다리티 역, 『뉴욕열전』, 갈무리, 2010.
- 이와사부로 코소, 서울리다리티 역, 『죽음의 도시, 생명의 거리』, 갈무리, 2013.
- 정욱주·제임스 코너, "프레시 킬스 공원 조경 설계", 『한국조경학회지』 33(1), 2005.
- 조경비평 봄, 『봄, 디자인 경쟁시대의 조경』, 도서출판 조경, 2008.
- 주남철, 『한국건축의장』, 일지사, 1998.
- 진양교, 『건축의 바깥』, 도서출판 조경, 2013.
- 진중권, "진중권의 현대미술 이야기", 『경향신문』 2012년 10월 12일자.
- 질 들뢰즈, 김상환 역, 『차이와 반복』, 민음사, 2004.
- 질 들뢰즈·펠릭스 가타리, 김재인 역, 『천 개의 고원』, 새물결, 2001.
- 한스 라이헨바하, 이정우 역, 『시간과 공간의 철학』, 서광사, 1986.
- 허균, 『한국의 정원, 선비가 거닐던 세계』, 다른세상, 2005.
- 황주영, 『18세기 영국 정원의 풍경화적 속성에 관한 연구』, 이화여자대학교 대학원 석사학위논문, 2006.
- E. H. 곰브리치, 백승길·이종숭 역, 『서양미술사』, 예경, 1997.
- J. J. 빈켈만, 민주석 역, 『그리스 미술 모방론』, 이론과실천, 1995.
- L. B. 알베르티, 노성두 역, 『알베르티의 회화론』, 사계절, 1998.
- M. 칼루니스쿠, 이영욱·백한울·오무석·백지숙 역, 『모더니티의 다섯 얼굴』, 시각과언어, 1993.

- Alessandro Rocca, *Planetary Gardens: The Landscape Architecture of Gilles Clément*, Basel: Birkäuser Architecture, 2007.
- Aurora Fernandez, Javier Arpa and Javier Mozas eds., *A+T 38: Strategy and Tactics in Public Space*, A+T, 2011.
- Bay Brown, "Designing Downsview Park", *Van Alen Report 8*.
- Ben Van Berkel, Caroline Bos, *Move*, Goose Press, 1999.
- Bjarke Ingels, *Yes is More: An Archicomic on Architectural Evolution*, London: Tashen, 2009.
- Charles Waldheim, "Landscape Urbanism: A Genealogy", *Praxis 4*, 2002.
- Dale E. Seborg, Duncan A. Mellichamp, Thomas F. Edgar, Francis J. Doyle III, *Process Dynamics and Control*, John Wiley & Sons, 2006.
- Eleftherios Siamopoulos, *Authorship in Algorithmic*

Architecture from Peter Eisenman to Patrik Schumacher, NTUA, School of Architecture (Athens) Thesis, 2012.

* Elizabeth W. Manwaring, *Italian Landscape in Eighteenth Century England*, New York: Oxford University Press, 1925.
* Gina Crandell, *Nature Pictorialized: The View in Landscape History*, Baltimore: The Johns Hopkins University Press, 1993.
* Grahme Shane, "The Emergence of Landscape Urbanism", *Harvard Design Magazine* (19), 2003.
* Ian L. McHarg, *Design with Nature*, New York: John Wiley & Sons, 1969.
* Jacques Derrida and Peter Eisenman, *Chora L Works*, The Monacelli Press, 1997, p.11.
* James Corner, "The Agency of Mapping: Speculation Critique and Invention", in Denis Cosgrove ed., *Mappings*, Reaction Books, 1999.
* James Corner, "Landscape Urbanism", in *Landscape Urbanism: A Manual for the Machinic Landscape*, Moshen Mostafavi and Ciro Najile eds., London: AA Publications, 2003.
* James S. Ackerman, *Origins, Imitation, Conventions*, MIT Press, 2002.
* James S. Russel, "It's the future not a contradiction. Landscape Urbanism, Augments roof across roof (4)", 2001.
* John Dixon Hunt and Janet Waymark, *The Picturesque Garden in Europe*, Thames & Hudson, 2002.
* John Dixon Hunt and Peter Willis eds., *The Genius of the Place: The English Landscape Garden, 1620~1820*, Cambridge: The MIT Press, 1988.
* Kenneth Frampton, "Toward an Urban Landscape", *Columbia Documents* (4), Columbia University, 1995.
* Kostas Terzidis, *Algorithmic Architecture*, London: Routledge, 2006.
* Liane LeFaivre, "Peter Cook's and Colin Fournier's perkily animistic kunsthaus in Graz", *Architectural Record* Vol. 192, 2004.
* Michael Kudo, *Seattle Public Library: OMA / LMN*, Barcelona: Actar-D, 2005.
* Norma Evenson, *Le Corbusier: The Machine and the Grand Design(Planning & Cities)*, New York: George Braziller, 1969.
* Norman T. Newton, *Design on the Land: The Development of Landscape Architecture*, Cambridge: Belknap Press, 1971.
* Patrick Maynard, *Drawing Distinctions: The Varieties of Graphic Expression*, Cornell University Press, 2005.
* Peter Cook, *Archigram*, New York: Princeton Architectural Press, 1999.
* Peter Eisenman, "Moving Arrows, Eros and other Errors: Architecture of Absence", Architecture Association London, 1996.
* Peter Rowe, *Making a Middle Landscape*, MIT Press, 1991.
* Peter Walker, *Minimalist Gardens*, Spacemaker, 1997.
* Rem Koolhaas, Bruce Mau, *S M L XL*, The Monacelli Press, 1999.
* Robert Venturi, Denise S. Brown and Steve Izenour, *Learning from Las Vegas*, Cambridge: The MIT Press, 2000.
* Roland Barthe and Stephen Heath trans., *Image-Music-Text*, London: Fontana Press, 1977.
* Simon Sadler, *Archigram: Architecture without Architecture*, Cambridge: The MIT Press, 2005.
* Stan Allen et al., *Tracing Eisenman: Peter Eisenman Complete Works*, Random House, 2006.
* Therese I. Conter, "Rehabilitating Praise And The Hard Line", *Landscape Architecture* 99(10), 2009.
* Tim Richardson, *The Vanguard Landscapes and Gardens of Martha Schwartz*, London: Thames & Hudson, 2004.
* V. P. Ranney, "Fredrick Law Olmsted, Yosemite Pioneer", *Places* 6(3), 1990.
* Walter Rogers, *The Professional Practice of Landscape Architecture*, New York: John Wiley & Sons, 2011.
* William, J. R. Curtis, *Le Crobusier: Ideas and Forms*, New York: Rizzoli, 1986.
* William, J. R. Curtis, *Modern Architecture since 1900*, New York: Phaidon, 1996.
* Winy Maas, Jacob van Rijs, Richard Koek, *MVRDV: FARMAX*, nai010 publishers, 1998.

1장. 개념 상실하기

- **p.24:** 당선작 "Healing"과 "Yongsan Park for New Public Relevance", 출처: www.park.go.kr/user.content. contentsView.twf, ⓒWest 8+이로재, ⓒ신화컨설팅+서안알앤디 디자인
- **p.25:** "Yongsan Park Towards Park Society"와 "Openings: Seoul's New Central Park", 출처: www. park.go.kr/user.content.contentsView.twf, ⓒ조경설계 서안+M.A.R.U, ⓒJames Corner Field Operations+삼성에버랜드
- **p.26 상:** "Multipli-City"와 "Yongsan Madangs", 출처: www.park.go.kr/user.content.contentsView.twf, ⓒ씨토포스+SWA, ⓒ그룹한 어소시에이트+Turenscape
- **p.26 하:** "Connecting Tapestries from Ridgeline to River"와 "Sacred Presence: Countryside in City Center", 출처: www.park.go.kr/user.content. contentsView.twf, ⓒCA조경기술사사무소+Weiss/Manfredi, ⓒ동심원조경기술사사무소+Oikos Design
- **p.31:** 세인트루이스 게이트웨이 아치 공모전 당선작 평면도, 출처: www.cityarchrivercompetition.org, ⓒMVVA
- **p.32:** 단계별 개발 전략에 대한 대안, 출처: www.city-archrivercompetition.org, ⓒMVVA
- **p.33:** 각 공간에 대한 새로운 디자인과 개선 방안, 출처: www.cityarchrivercompetition.org, ⓒMVVA
- **p.34:** West 8이 설계한 마이애미 비치 사운드스케이프 링컨 파크, ⓒWest 8
- **p.35 상:** 마이애미 비치 사운드스케이프 링컨 파크, ⓒ John Zacherle
- **p.35 하:** 마이애미 비치 사운드스케이프 링컨 파크, ⓒ Knight Foundation
- **p.36:** CRLand센터 옥상정원 평면 드로잉, ⓒ김영민
- **p.37:** CRLand센터 옥상정원 이미지, ⓒ김영민
- **p.38~39:** 산야 올림픽 베이 조감도, ⓒ김영민
- **p.40:** 산야 올림픽 베이 워터프런트 이미지, ⓒ김영민

2장. 말로 때우기

- **p.51:** "로미오와 줄리엣" 스케일링, 출처: Stan Allen et al., *Tracing Eisenman: Peter Eisenman Complete Works*, Random House, 2006, ⓒPeter Eisenman
- **p.53.** "로미오와 줄리엣"의 엑소노메트릭과 모델, 출처:

Stan Allen et al., *Tracing Eisenman: Peter Eisenman Complete Works*, Random House, 2006, ⓒPeter Eisenman
- **p.55:** "트리 시티" 도판, 출처: Julia Czerniak, ed., *CASE: Downsview Park Toronto*, Mass.: Harvard University Graduate School of Design, 2001, ⓒOMA+Bruce Mau Design+Inside Outside
- **p.57:** "Multipli-City"의 평면, ⓒ씨토포스+SWA
- **p.58:** "Multipli-City"의 '서울의 강도' 다이어그램, ⓒ씨토포스+SWA
- **p.60:** "Multipli-City"의 '용산의 강도' 다이어그램, ⓒ씨토포스+SWA

3장. 분석만 하기

- **p.66:** 현황 분석도, 출처: Ian McHarg, *Design with Nature*, New York: John Wiley & Sons, INC., 1969.
- **p.67:** 가치 평가도, 출처: Ian McHarg, *Design with Nature*, New York: John Wiley & Sons, INC., 1969.
- **p.68:** 주거지역 적합지와 도시화 적합지, 출처: Ian McHarg, *Design with Nature*, New York: John Wiley & Sons, INC., 1969.
- **p.69:** 종합계획도, 출처: Ian McHarg, *Design with Nature*, New York: John Wiley & Sons, INC., 1969.
- **p.72:** "Pivot Irrigators", 출처: James Corner and MacLean Alex, *Taking Measures Across the American Landscape*, Yale University Press, 1996.
- **p.73:** "Raising Holler", 출처: Anuradha Mathur and Dilip da Cunch, *Mississippi Floods: Designing a Shifting Landscape*, Yale University Press, 2001.
- **p.76:** 강북생태문화공원 평면, ⓒ김영민·김현민·조경기술사사무소 LET
- **p.78:** 메타스케이프, ⓒ김영민·김현민·조경기술사사무소 LET
- **p.79:** 네트워킹(Meta-Networking), ⓒ김영민·김현민·조경기술사사무소 LET
- **p.80:** 생태화(Meta-Ecology), ⓒ김영민·김현민·조경기술사사무소 LET
- **p.81:** 공원의 공간과 이미지, ⓒ김영민·김현민·조경기술사사무소 LET
- **p.82:** 단위 공간과 프로그램의 구성 프로세스, ⓒ김영민·

- **p.157:** "Garden for a Plant Collector", 출처: http://gross max.com
- **p.158 상:** 엑소노메트릭 조감도, 출처: Nadia Amoroso, ed. *Representing Landscapes*, Routledge, 2012, ⓒ Shushimita Mizan
- **p.158 하:** 투시 조감도, 출처: Nadia Amoroso, ed. *Representing Landscapes*, Routledge, 2012, ⓒShushimita Mizan
- **p.162:** 유엔 스튜디오(UN Studio)의 다이어그램, Designed Center for Virtual Engineering Realized, 출처: www.unstudio.com, ⓒUN Studio
- **p.163:** 타이중 게이트웨이 파크(Taichung Gateway Park)의 평면도와 미기후 다이어그램, 출처: 『환경과조경』 2012년 1월호, p.68, ⓒCatherine Mosbach
- **p.164:** 환경조경대전 최우수작인 "1.44m²"의 경관 분석 다이어그램, ⓒ주소희, 강지은, 허재희

8장. 베끼기

- **p.172 좌:** 몬드리안의 데 스틸 회화(Piet Mondrian, Composition II in Red, Blue, and Yellow, 1937), 출처: www.commons.wikimedia.org
- **p.172 우:** 데 스틸 가구 디자인(Gerrit T. Rietveld, Red/ Blue Chair, 1917), 출처: www.commons.wikimedia.org
- **p.173 좌:** 데 스틸 공간 다이어그램(Theo van Doesburg, Spatial Diagram for a House, 1924), 출처: www.commons.wikimedia.org
- **p.173 우:** 데 스틸 건축(Gerrit T. Rietveld, Schröder House, 1923), 출처: William J. R. Curtis, *Modern Architecture since 1900*, Phaidon, 2001.
- **p.175:** 캠브리지 센터 옥상 정원, 출처: Peter Walker, *Minimalist Gardens*, Spacemaker, 1997.
- **p.176 좌:** 솔 르위트의 입방체의 구성(Sol Lewitt, Costruzione Cubica, 1971), 출처: www.lucamaggio.wordpress.com
- **p.176 우:** 삼성 서초 플라자, 출처: www.pwpla.com
- **p.178:** 마리나 베이 샌즈 옥상 수영장, 출처: www.flickr.com
- **p.179:** 오션 스카이 가든(Ocean Sky Garden), ⓒ장재봉
- **p.181 좌:** "Another Flow"의 모델, ⓒ임동명, 이수현
- **p.181 우:** OMA의 라빌레트 공원(Parc La Villette) 설계안, 출처: Rem Koolhaas and Bruce Mau, *S, M, L , XL*, Monacelli Press, 1998.
- **p.182:** "Another Flow"의 전략과 이미지, ⓒ임동명, 이수현
- **p.184:** "Interactive Circle", ⓒ남상경, 김근우, 박소정
- **p.185 좌:** 하이라인, ⓒ김영민
- **p.185 우:** 프롬나드 플랑테, ⓒ남기준

9장. 꿈꾸기

- **p.191 좌:** 니콜라스 푸생의 풍경화(Landscape with the Burial of Phocion, 1648), 출처: www.museumwales.ac.uk
- **p.191 우:** 클로드 로랭의 풍경화(Landscape with Aeneas at Delos, 1672), 출처: www.nationalgallery.org.uk
- **p.194:** 현대 도시(Ville Contemporaine)의 조감도, 브와쟁 계획(Plan Voisin)의 모형, 빛나는 도시(La Ville Radieuse)의 평면도, 출처: The Fondation Le Corbusier
- **p.196 상:** 브로드에이커 시티(Broadacre City)의 모형, 출처: www.flickr.com, ⓒShinya Suzuki
- **p.196 하:** 브로드에이커 시티(Broadacre City)의 스케치, 출처: www.commons.wikimedia.org
- **p.199:** "플러그-인-시티(Plug-in-City)", 출처: Simon Sadler, *Archigram: Architecture without Architecture*, Cambridge: The MIT Press, 2005.
- **p.200 좌:** 오사카 엑스포 타워(Osaka Expo Tower), 출처: www.commons.wikimedia.org, ⓒWiki
- **p.200 우:** 나카긴 캡슐 타워(Nakagin Capsule Tower), 출처: www.commons.wikimedia.org, ⓒJonathan Savoie
- **p.201:** 그라츠의 쿤스트하우스(Kunsthaus in Graz), 출처: www.commons.wikimedia.org, ⓒMarion Schneider & Christoph Aistleitner
- **p.203:** Exodus, or the Voluntary Prisoners of Architecture, 출처: www.flickr.com
- **p. 204:** 노들공화국의 부유 건축물, 출처: 서울건축포럼

10장. 유치해지기

- **p.211 좌:** 크로포드 매너, 출처: Robert Venturi, Denise S. Brown and Steve Izenour, *Learning from Las Vegas*,

Cambridge: The MIT Press, 2000.

- **p.211 우:** 길드 하우스, 출처: Robert Venturi, Denise S. Brown and Steve Izenour, *Learning from Las Vegas*, Cambridge: The MIT Press, 2000.
- **p.214:** 시애틀 중앙도서관, 출처: www.commons.wikimedia.org, ⓒBobak Ha'Eri
- **p.215:** 시애틀 중앙도서관의 건축적 다이어그램과 단면도, 출처: Michael Kudo, *Seattle Public Library: OMA / LMN*, Barcelona: Actar-D, 2005.
- **p.216:** 통바 파크, ⓒ저행순
- **p.217:** 통바 파크의 세 가지 설계 개념, 출처: Palisades Garden Walk + Town Square, The Second Community Meeting Presentation Material, ⓒJCFO
- **p.219:** 더니 프로젝트(The Dunny Show)와 덴 빌딩(The REN Building), 출처: www.big.dk
- **p.220:** 알란다 호텔(Arlanda Hotel), 출처: www.big.dk
- **p.221:** 벚꽃과 아시시 성인의 초상을 새긴 바닥 포장, 출처: www.west8.nl
- **p.222:** 거버너스 아일랜드의 언덕들, 출처: Governors Island Competition Presentation Board
- **p.224:** "섹슈얼 판타지아", ⓒ안동혁

11장. 저항하기

- **p.230:** 하이라인의 제거 요청 엽서, Friends of the High Line, ⓒunknown(추정)
- **p.231 좌:** 하이라인의 과거 모습, 출처: Friends of the High Line, ⓒunknown
- **p.231 우:** 하이라인의 야생의 정원, 출처: Friends of the High Line, ⓒJoel Sternfeld
- **p.234:** 포르타 볼타의 임시 정원의 평면도, 출처: Aurora Fernández Per, Javier Arpa, Javier Mozas, *a+t 38: Strategy and Tactics in Public Space*, a+t architecture publishers, 2012.
- **p.235:** 포르타 볼타 임시 정원의 커뮤니티 이벤트, 출처: Aurora Fernández Per, Javier Arpa, Javier Mozas, *a+t 38: Strategy and Tactics in Public Space*, a+t architecture publishers, 2012.
- **p.236:** 파킹데이 주차장 정원, 출처: http://my.parkingday.org
- **p.237:** 센트럴 파크, 출처: www.commons.wikimedia.org, ⓒEd Yourdon
- **p.240:** 리즈 크리스티와 녹색 게릴라, 출처: www.liz-christygarden.us
- **p.241:** 엘 캄포 데 세바다 광장, 출처: Aurora Fernández Per, Javier Arpa, Javier Mozas, *a+t 38: Strategy and Tactics in Public Space*, a+t architecture publishers, 2012.
- **p.243:** 키베라의 청소 작업과 어린이 놀이터, 출처: www.kounkuey.org

12장. 남에게 미루기

- **p.250:** 마사 슈월츠의 "베이글 가든"(Martha Schwartz, Bagel Garden, 1979), 출처: Tim Richardson, *The Vanguard Landscapes and Gardens of Martha Schwartz*, Thames & Hudson: London, 2004.
- **p.251:** 마사 슈왈츠의 리오 쇼핑센터(Martha Schwartz, Rio Shopping Center, 1988), 출처: Tim Richardson, *The Vanguard Landscapes and Gardens of Martha Schwartz*, Thames & Hudson: London, 2004.
- **p.252 상 좌:** 보크너의 노트(Mel Bochner, 'Working Drawings and Other Visible Things on Paper Not Necessarily Meant to Be Viewed as Art', 1966), 출처: www.melbochner.net
- **p.252 상 우:** 솔 르윗의 "월 드로잉"(Sol LeWitt, 'Wall Drawing #260', 1975), 출처: www.arterpropos.doumetz.fr
- **p.252 하:** "가든 게임"의 규칙과 완성된 모습(Martha Schwartz, 'Garden Game', 2009), 출처: www.marthaschwartz.com
- **p.256:** 질 클레망의 "라발"(Gilles Clément, La vallée, 1977~), 출처: Alessandro Rocca, *Planetary Gardens: The Landscape Architecture of Gilles Clément*, Basel: Birkäuser Architecture, 2007.
- **p.258 상 좌:** 브리지트 라일리의 "Current"(Bridget Riley, 'Current', 1964), 출처: Pamela M. Lee, "Bridget Riley's Eye/Body Problem", *October* 98, 2001, p.28.
- **p.258 상 우:** 마이클 놀의 "Ninety Parallel Sinusoids With Linearly Increasing Period"(Michael Noll, 'Ninety Parallel Sinusoids With Linearly Increasing Period', 1965), 출처: www.citi.columbia.edu

- **p.258 하 좌:** 게오르그 네스의 "Schotter"(Gerog Nees, 'Schotter', 1968), 출처: Carnegie Mellon University
- **p.258 하 중:** 프리더 나케의 "13/9/65 Nr. 2"(Frieder Nake, '13/9/65 Nr. 2(Hommage à Paul Klee)', 1965), 출처: www.dada.compart-bremen.de
- **p.258 하 우:** 파울 클레의 "Hauptweg und Neben-wege"(Paul Klee, 'Hauptweg und Nebenwege', 1929), 출처: www.commons.wikimedia.org
- **p.259:** AARON의 작품 "040502", 출처: www.aarons-home.com
- **p.261:** 알고리즘을 통해 설계한 '산탄데르 강 하구' 대안들, ⓒ김영민

13장. 딴짓하기

- **p.270 상:** 트리니타트 파크의 지형과 경계, 출처: www.commons.wikimedia.org, ⓒElessar p
- **p.270 하 좌:** 트리니타트 파크의 조감 이미지, 출처: www.batlleiroig.com
- **p.270 하 우:** 트리니타트 파크의 내부 풍경, 출처: www.batlleiroig.com
- **p.276:** "풍요의 자오선(Meridian of Fertility)", 출처: www.asla.org/2014studentawards
- **p.278:** 라오스 국경 일대의 세 가지 경관 유형, 출처: www.asla.org/2012studentawards